구봉구는 어쩌다 수학을 좋아하게 되었나

이상하고 규칙적인 수학 마을로 가는 안내서

민성혜 지음, 배수경 감수

갈매나무

뫼비우스의 띠를 타고 수학 마을로!

어린 시절 누구나 한 번쯤 수학에 상처를 입는다. 누구든 엄밀함으로 무장한 차가운 수학 앞에서 숨 막힌 경험이 있을 것이다. 설상가상 수학의 참모습을 이해할 수 있는 기회는 참으로 드물다. 성인이 된 후에도 수학은 여전히 다가가기 어려운 금기의 아이템처럼 느껴진다. 그럼에도 불구하고 방대한 정보를 처리하고 해석해야 하는 시대에 들어서며 수학에 대한 요구가 급속히 늘어나고 있다.

수학의 출발은 호기심이다. 우리 주변에 흩어져 있는 혼돈을 이해하고 싶은 간절한 마음에서 비롯되는 호기심. 절대 모호할 수 없는 기호들과 대상들을 켜켜이 잘 쌓아 이 호기심을 해결하는 사고 행위가 바로 수학이다. 모호하지 않다는 것은 그만큼 더 설득력이 있다는 것이다.

소통을 위해 외국어를 배우듯, 호기심을 명확하게 해결하기 위해 수학의 기호들과 대상들에 친숙해질 필요가 있다. 낯선 단어에 익숙해지기 위해 그 단어를 천천히 되뇌듯, 낯선 기호들과 대상들 앞에 잠시 머물며 관심을 기울이는 시간이 필요하다. 그렇기에 《구봉구는 어쩌다 수학을 좋아하게 되었나》는 우리가, 특히 어린 친구들이, 보다 쉽고 재미있게 수학에 접근하도록 돕는 따뜻한 시도라고 생각한다. 강요하지 않고 천천히 이끌어 주며, 앨리스 앞에 나타난 이상한 나라의 토끼처럼 호기심을 자극하는 것이다.

　호기심 많은, 그러나 상처 입기도 쉬운 우리 청소년들이 부디 이 책에 나오는 뫼비우스의 띠를 타고 수학 마을로 떠나 보길 권한다. 이책 속의 책 '이상하고 규칙적인 수학 마을 안내서'를 따라 이곳을 거닐면 수학의 진면목을 마주하게 될 것이다. 여러 수학자들을 만나 그들의 이야기에 귀 기울이고 그들의 장난감에 함께 즐거워하게 될 것이다. 그러다 보면 자신도 모르는 새 수학 마을에 익숙해져 있음을 깨닫게 될 것이다. 일상으로 돌아온 후에도 문득 어떤 호기심이 고개를 드는 순간, 수학 마을의 기억을 떠올리며 이곳에서 본 장난감들이 필요하다고 느낄지도 모르겠다. 그리하여 서가에 꽂아 둔 이 책을 찾아보기 위해 집으로 향하는 발걸음을 서두를지 모른다.

이기정
아주대학교 수학과 교수

차례

PART 3 구봉구는 어쩌다 수학을 아름답다 하는가

내 이름은 구봉구

나에게 일어난 일을 아는가.

짐작했는지 모르겠지만 짐작이 맞기를 바란다. 지금 나는 한없이 수평으로 이어질 것 같은 축과 또 한없이 수직으로 이어질 것 같은 축이 만나서 이루어진 세상에 놓여 있다. 수직선과 수평선은 세상을 네 구역으로 나눈다. 나는 그중 가장 음습한 지역을 찾는다. 어디든 내가 숨기 좋은 곳, 들키지 않을 만한 그런 곳. 그러나 어디에도 그런 장소는 없다. 조금만, 조금만 더 지나면 나는 이 세상의 굴레를 벗을 수 있다. 여명 전의 어둠. 지금 내가 놓인 상황이다. 그러나 지독한 어둠, 음의 기운이 충만한 이곳에서 어디로 뻗어 나가야 할지 갈피를 못 잡고 있다.

짐작했는지 모르겠지만 짐작이 맞기를 바란다. 나는 틀렸다. 기껏 나아가야 할 방향이라고 생각하고 힘차게 팔을 뻗었건만 또다시 잘못된 장소에 놓이고 말았다. 나를 둘러싼 수평의 축은 시시각각으로 변하고 있다. 그때마다 수직의 축 역시 일정하게 변하고 있다. 나는 내가 놓였던 상황과, 지금 놓인 상황을 찬찬히 살펴 내가 뻗어 나갈 곳을 결정해야 한다. 하지만 번번이 실패하고 만다. 이제 한계에 다다랐다. 더 이상 버틸 재간이 없다. 이 세상은 나와 맞지 않는다. 내 의지로 들어선 곳이 아니다. 내 의지로 벗어날 수도 없다. 나는 수직으로도 나아가지 못하고, 수평으로도 나아가지 못하면서 이 세상의 끄트머리에서 빙빙 맴만 돌고 있다.

짐작했는지 모르겠지만 짐작이 맞기를 바란다. 거대한 그림자가 나에게 다가온다. 나는 그를 올려 본다. 그는 나를 내려 본다. 위압적인 이 각도에서 나는 영원히 약자일 수밖에 없다. 그에게 눈으로 묻는다. 그가 고개를 가로젓는다. **다시.**

짐작했는지 모르겠지만 짐작이 맞기를 바란다. 나는 지금 x축과 y축을 가진 좌표평면 위에 $y=2x^2+3$의 그래프를 그려 넣어야 하는 상황에 처해 있다. 수학 선생님은 교실 여기저기를 왔다 갔다 하며 잘들 그리고 있는지 검열 중이다. 나는 눈에 띄고 싶지 않다. 수학 시간이 끝나려면 5분 남았다. 누구를 위하여 종은 울리나, 제발 나를 위해 울려라 기도하며 수학 선생님이 나에게 다가오기 전에 종이 치기만을 기다렸건만 종소리보다 먼저 수학 선생님의 발자국 소리가 들렸다. 이미 내 앞에 서 계신다. 나는 더 이상 미적거릴 수가 없어서 좌표평면 위에 대충 이차 함수 그래프로 보이는 것을 그려 넣었다. 수학 선생님이 내가 그린 그래프를 내려다본다. 나는 내가 그린 이 그래프가 맞는 그래프이기를 바라는 간절한 눈빛으로 수학 선생님을 바라본다. **다시.** 아, 또 틀렸다. 다시 그렸다. **다시.** 아아, 또 틀렸다. 다행히 수학 선생님은 다른 아이들을 둘러보고는 교탁 앞으로 가셨다.

아, 빌어먹을. 저놈의 종은 누구를 위하여 울리려고 아직까지 안 울린단 말인가. 나는 왜 이차 함수 때문에 이렇게 벌벌 떨고 있어야 한단 말인가. 이차 함수가 내 인생을 이토록 음습하게 만들어도 좋단 말인가. 나는 수학 능력자가 아니다. 난 수학과는 거리가 먼 일반인이 될 예정이다. 그게 내 꿈이다. 진로 희망에다가 '**수학과는 거리가 먼 일반인**'이라고 적어 두고 싶은 심정이다.

"아, 그냥 마트 가서 계산만 할 줄 알면 되는 거 아냐? 사는 데 함수가 무슨 소용이야? 구구단 게임 말고 수학이 도대체 나 같은 일반인 예정자에게 무슨 쓸모야, 수학 선생님 될 것도 아닌데."

문장 부호에 주목하길 바란다. 원래 내 의도는 작은따옴표였다. 그냥 나지막이 속으로 나에게만 뇌까리려고 했다는 뜻이다. 그런데 그만 큰따옴표가 붙어 버렸다. 혼잣말이라고 생각했는데 알고 보니 반 아이들이 모두 들을 정도로 큰소리로 나와 버렸다는 뜻이다.

누구는 눈을 동그랗게 뜨고 나를 쳐다보았고, 누구는 또 킥킥거렸다. 하지만 누구누구보다 중요한 건 수학 선생님이다. 수학 선생님이 교탁 양쪽을 손으로 잡고 어깨를 추어올리며 나를 불렀다.

"구봉구, 나한테 하는 말이냐?"

반 아이들이 낄낄거린다.

"네 이름부터가 수학적인데 왜 쓸모가 없어?"

아, 또 나왔다. 내 이름 구봉구. 할아버지께서 꿈에서 9마리 봉황을 봤다고 붙여진 내 이름. 사실 할아버지는 조류에 약하시다. 그러니 봉황인지 닭인지 꿩인지 그 실체는 알 수 없다. 닭이었다면 '계구'가 되었을까. 아, 계구보다는 봉구가 낫다. 그런데 과연 그럴까. 봉황이 9마리나 있어서 사실 내 삶은 좀 버겁다. 상서롭다는 봉황이 9마리나 있으니 실상 닭 정도의 수준인 나에게는 꿈의 기대치가 너무 크다.

"수가 없었다면 봉구 네 이름도 어떻게 되었을지 몰라. '봉봉봉봉봉봉봉봉봉'이 될 뻔한 걸 수학이 구해 준 거라고."

이쯤 되면 인격 모독이다. 아니, 이름 모독인가. 아이들이 리듬 타듯 '봉봉'거린다. 아예 개사를 한 녀석도 있다. "봉봉봉봉 봉이 왔어요~" 문학적인 녀석이라도 있었다면 '빼앗긴 들에도 봉은 오는가'도 나올 판이다.

"자, 그만. 농담도 지나치면 상처다."

병 주고 약 준다더니 수학 선생님이 딱 그렇다. 농담도 상대방이 받아들일 때나 농담이지. 하긴 지금 내가 그럴 말을 할 입장은 아니다. 고의는 아니지만 수학 선생님 앞에서 수학이 쓸모없다고 큰소리로 말해 버렸으니……. 게다가 난 농담도 아니었다.

"봉구는 잠깐 교무실로 따라와."

'잠깐 교무실로 따라와'는 치명적인 문장이다. 특히나 이런 상황에서는. '잠깐 교무실로 따라와'는 소중한 쉬는 시간 10분이 통째로 날아간다는 의미이고, 교무실에서 수학 선생님께 꾸중을 듣거나 뭐 그래야 한다는 소리이다. 어쨌든 이 '잠깐 교무실로 따라와'는 내가 학생으로서의 피곤한 시간을 마치고 한가하게 웹툰을 보며 삶을 재충전할 시간에 이렇게 학교 도서관에 머무르게 만들었다. 수학과 관련된 책을 읽고 그 책을 일반인 예정자인 나의 삶과 연관시킨 독후감을 써 오란다. 교무실에는 '잠깐' 따라갔지만 결코 잠깐으로 끝나지 않는 일감을 들고 왔다.

이미 짐작했겠지만 나는 수학을 썩 좋아하지 않는다. 일반인 예정자이기 때문이다. '빼앗긴 들에도 봄은 오는가('봉'이 아니다)'라는 시를 알 정도로(내 또래 애들 중에는 이 시 아는 애들 별로 없다. 뭐 사실 나도 제목만 아는 수준이지만) 나름 문학소년을 지향하고 있다. 문학소년이 수학소년이 못 될 것도 없지만, 본디 문학소년이라면 숫자만 봐도 머리가 지끈거려야 한다. 그게 문학소년의 본질이다. 영어 알파벳 'x'마저 '수'로 만들어 버리는 수학은 정말 미지수의 세계이다. 그런데 책을 읽어도 수학과 관련된 책을 읽으라니, 아니 그런 것도 책으로 만드는 세상에 살고 있는 거야, 나? 아, 정말 수학은 내 삶과 관련이 깊은 모양이다.

구봉구는 어쩌다
수학 마을에 가게 되었나

– 가고 싶지 않아!
– 하지만 가야 해. 인류의 미래가 너에게 달려 있어!
– 왜 내가 그런 짐을 짊어져야 하는 거지?
– 넌 우리의 영웅이니까!

이렇게 해서 가게 된 것은 아니다. 단지 등 떠밀렸다.

규칙적으로 증가하는 토끼 씨

방과 후의 학교 도서관은 조용했다. 애들은 이미 삼삼오오 PC방이든 학원이든 어디로든 학교를 떠났고 몇몇 아이들만 도서관에 있을 뿐이다. 수학적이지만 수학적이지 않은 책은 어디 있냐고 물었더니 사서 선생님이 나를 빤히 본다. '너 뭐하는 애니?' 하는 표정이다. '나 수학 숙제 해야 하는 아이'라고 말하고 싶은 걸 참는다. 대신 수학적이지 않은 학생이 수학 선생님께 받은 수학적인 과제를 해야 하는데, 이 어려움을 조금이라도 극복하기 위해 수학과 관련되어 있지만 수학적이지 않은 책을 원한다는 심오한 뜻을 담아 사서 선생님을 빤히 바라본다.

"직접 찾아보는 게 어떻겠니? 수학적이지만 수학적이지 않은 그런 책."

도서관은 낭만적인 장소다. 캔 커피와 쪽지가 오가고, 학구열에 불타는 눈동자들이 빛나고, 서가에서는 오래된 책 냄새가 난다. 통찰과 성찰, 앎과 지혜, 웃음과 울음이 책 속에 담겨 있다. 누군가는 이곳에서 운명의 책을 만나기도 한다. 뭐 이론상으로는 그렇다. 내가 수많은

CF와 드라마, 영화를 바탕으로 내린 가설이다. 하지만 현실은 자칭 문학소년인 내가 수학적이지만 수학적이지 않은 그런 책을 찾아 내 자유를 반납해야 하는 장소가 되고 말았다. 사서 선생님의 도움 없이 이 거친 바다를 헤쳐 나가야 한다.

수학 관련 서적은 한국십진분류표에 의하면 400번대에 있다. 어슬렁거리고 싶지는 않았지만 400번대 서가로 발길을 돌렸다. 우리 학교 도서관은 복도를 사이에 두고 400번대 서가와 800번대 서가가 나란히 놓여 있다. 800번대라면 내가 잘 가는 문학 관련 서가지만 오늘만큼은 하늘과 땅만큼 멀어서 갈 수 없는 장소처럼 보인다. 눈을 질끈 감는다. 휴, 깊은 한숨을 내쉬고 다시 눈을 뜨니 눈앞에 양복을 입고 중절모를 쓴 토끼 신사가 한 손에는 작은 포켓북을 들고 또 다른 손으로는 조끼 주머니에서 시계를 꺼내 시간을 확인하고 있다.

"피보나치 씨 농장에 돌아갈 시간인데 너무 늦었어."

잠깐, 어디서 많이 본 장면인데? 《이상한 나라의 앨리스》잖아!

"혹시 《이상한 나라의 앨리스》에 나오는 토끼 씨 아닌가요?"

이 이상한 상황에서도 나는 당황하지 않고 '씨'라는 존칭까지 붙여 토끼에게 물었다. 보통 이런 상황이라면 꿈이거나 뭐 그런 종류의 것일 확률이 높다. 그러나 문학적인 나로서는 이런 이상 현실이 조금은 심심한 현실의 어느 한가운데 일어날지도 모른다고 늘 생각해 왔던 터다. 현실에 살짝 구멍이 생겨서 여러 개의 현실들이 서로 넘나드는 순간이 생길지도 모르는 법. 그리고 지금 그 일이 나에게 일어났다.

"《이상한 나라의 앨리스》에 나오는 토끼 씨? 토끼 잘못 봤습니다. 저는 그런 '토끼기만 하는 토끼'가 아니지요. 크크. 토끼기만 하는 토끼라, 흠, 멋진 표현이야. 적어 둬야겠어."

뭐야, 이 토끼 씨.

"세상에는 토끼 씨들이 많습니다. 이해할 수는 없지만 거북이와 달리기 시합을 하다가 굴욕적인 패배를 겪은 토끼 씨도 있지요. 그 친구는 아직도 그때의 충격으로 우울증에 시달리고 있답니다. 사실 거북이와 사이가 껄끄러운 토끼 씨들은 많은 편이지요. 간 없는 토끼라는 별명을 가진 토끼 씨도 그중 하나랍니다. 하지만 《이상한 나라의 앨리스》에 나오는 토끼 씨와 저를 헷갈리시면 안 됩니다. 저는 그렇게 허둥대고 불친절하고 곤경에 처한 사람을 나 몰라라 하고 토끼기만 한 토끼 부류가 아니니까요. 사실 저는 규칙적으로 증가하는 토끼입니다. 피보나치 씨 농장에 살고 있지요."

규칙적으로 증가하는 토끼 씨는 처음이었다. 아니, 학교 도서관에서 양복 입은 토끼를 만나는 일 자체가 처음이었다.

"그런데 여기는 토끼가 나타나기에는 상당히 어색한 장소 아닌가요? 도대체 학교 도서관에 토끼가, 그것도 양복을 입은 토끼가 나타난다는 건 〈세상에 이런 일이〉에도 나오기 힘든 일인데. 이 상황에 대해 설명해 주실 수 있나요?"

토끼 씨가 시계를 보더니 한숨을 쉰다.

"어차피 다음 띠가 나타나려면 시간이 좀 있으니 그렇게 하시죠. 사실 저는 '이상하고 규칙적인 수학 마을'에서 왔습니다. 마을의 피보나치 씨 농장에서 규칙적으로 증가하는 일을 하고 있어요. 저는 규칙적으로 이 학교 도서관에 온답니다. 제가 '규칙적으로 증가하는 토끼 씨'라는 건 이미 말씀드렸죠? 우리 마을에서는 그렇지만 대외적으로는 '학교 도서관의 수학책을 규칙적으로 증가시키는 토끼 씨'라는 임무도 맡고 있습니다. 수학을 세상에 내보내는 것도 우리 마을의 중요한 일이니까요.

우리 마을에 워낙 괴짜들이 많답니다. 1+1=2를 증명하겠다고 하는 어르신도 계시고, 우주의 근본이 숫자라는 분도 계시고. 요상한 수학적 문제를 놓고 몇백 년째 씨름하는 마을이니 뭐 안 그렇겠어요? 이 괴짜 어르신들은 수학으로 충만한 세상을 꿈꾼답니다. 그리고 이 마을에 들어오길 원하는 새 입주자들을 찾고 계시지요. 그래서 학교 도서관에 우리 마을의 수학책을 하나둘 규칙적으로 증가시키고 있는 겁니다. 누군가 이 책을 읽고 우리 마을에 찾아올 수 있도록 말이죠. 우리 마을에 들어오지는 않더라도 수학이 조금쯤 이 세상에서도 충만해지기를 바라는 마음에서요. 어때요, 관심 있나요? 400번 서가에 계신 걸 보면 혹시."

그럴 리가. 관심이 있을 리가. '이상하고 규칙적인 수학 마을'은 듣도 보도 못했지만 그런 마을이 있다 해도 거기에서 살고 싶을 리가. 하지만 최대한 예의를 갖추어 얼버무린다.

"아, 제가 400번 서가에서 어슬렁거리기는 했지만 마음은 800번 서가에 있는 사람이랍니다. 인사가 늦었네요. 제 이름은 구봉구라고 합니다. 저는 그저 수학적이지 않은 수학책을 찾고 있었어요. 그러다가 이렇게 토끼 씨를 만나게 된 거죠. 그런데 이상하고 규칙적이라는 그 수학 마을에서 어떻게 우리 학교 도서관으로 올 수 있는 거죠? 아까 '띠'라고 말씀하신 것 같은데."

"들으셨군요. 뫼비우스 씨의 설계를 바탕으로 만든 공간 이동 띠랍니다. 여기 400번 서가와 800번 서가 사이의 뒤틀린 공간에 있죠. 우리 마을에서 이 뫼비우스의 띠를 타고 한 바퀴 돌면 어느새 이 학교 도서관에 와 있게 됩니다. 다시 한 바퀴 더 돌면 우리 마을로 돌아가게 되지요. 아주 이상하고 규칙적인 띠 아닙니까? 뭐 그렇게 보려고 해도 안 보일 겁니다. 지금은 닫혀 있어요. 원래 책만 두고 바로 출발해야 하는데 늑장 부리다가 이렇게 띠가 다시 열리는 시간을 기다리고 있는 거죠. 아, 구봉구 씨는 수학적이지 않은 수학책을 찾는 중이라고 하셨죠? 찾으셨나요?"

"그런 책이 이 세상에 존재할까 하는 존재론적 고민에 빠져 있던 중이었어요. 아! 규칙적으로 증가하는 토끼 씨가 가져온 책은 어떤가요? 제 필요충분조건을 만족시키는 그런 책은 아닌가요?"

규칙적으로 증가하는 토끼 씨가 손에 들고 있던 작은 포켓북을 내려다본다.

"글쎄요, 필요충분조건이 되려나. 이번에 가져온 책은 우리 마을의 공간적 특성을 담은 소개 책자 같은 거라서 말이지요. 우리 이상하고 규칙적인 수학 마을에 대한 여행 안내서 같은 책이니까 그럭저럭 수학적이지 않은 수학책이 될 수도 있겠네요. 게다가 얇기까지 하고."

나는 작은 포켓북을 건네받았다. 푸른색 표지에 얇은 금박으로 테두리를 두른 내 손바닥만 한 크기의 얇은 책. 《이상하고 규칙적인 수학 마을로 가는 안내서》. 제목만으로는 구미가 당기지 않지만 그런 거 가릴 처지가 아니다. 나는 400번 서가 바닥에 앉아 책을 읽기 시작했다. 규칙적으로 증가하는 토끼 씨는 "피보나치 씨가 기다리실 텐데, 너무 늦었어. 뭐 이왕 늦은 거 다시 뫼비우스의 띠가 열릴 때까지 이 마을 책이나 읽어 볼까" 하면서 800번 서가 쪽으로 꼬리를 감추었다. 글쎄, 수학 마을에서 온 토끼 씨의 구미에 맞는 책이 있을지는 나도 모르겠다. 설마 《토끼전》은 아니겠지? 그래, 썰렁했다. 용서해라.

수학 마을 여행을 시작하며

우리 수학 마을은 여행하기에 이상적인 장소는 아니다. 낭만적인 장소도 아니다. 꿈과 모험이 가득한 것도 아니다. 일반적으로 그렇다는 말이다. 하지만 누군가에게는 이상적이고 낭만적인, 꿈과 모험이 가득한 장소가 될 수도 있을 것이다. 그리고 그 누군가가 바로 당신일 수도 있다! 우리 마을은 언제나 그런 여행자들에게 열려 있다. 우선 우리 수학 마을을 간단히 소개를 하고자 한다.

수학 마을의 역사

자신 있게 말하건대 굉장히 오래되었다. 언어만큼이나 오래되었다.
'언어'와 '수'는 모두 추상적인 개념의 '기호'라는 공통점을 가지는데,
이 기호의 탄생이 바로 수학 마을의 태초라고 할 수 있다.

수학 마을의 인구

자신 있게 말하건대 굉장히 많다. 심지어 죽은 사람도 살아 있다.

수학 마을의 기후

미안한 말이지만 수학 마을의 기후는 그때그때 다르다. 하지만 비교
적 햇볕은 쨍쨍, 모래알은 반짝거리는 온화한 날씨를 자랑한다.

수학 마을의 교통수단

버스, 기차 등 어지간한 대중교통은 다 이용할 수 있다. 여행객들은
무료로 이용할 수 있다.

수학 마을의 숙박 시설

자신 있게 말하건대 수학 마을 숙박시설은 하나밖에 없다. 하지만 당
신을 언제나 반갑게 맞아 줄 것이다. 서비스는 물론 최상이다.

수학 마을의 언어

자신 있게 말하건대 당신이 쓰는 언어가 수학 마을의 언어이다. 물론 당신이 당신의 언어를 다 이해하는 것이 아니듯이 수학 마을에서 쓰이는 수학적 언어들도 종종 이해하기 힘들 수 있다.

수학 마을의 종교

사람들이 생각하듯이 수학이 종교라고는 말하지 않겠다. 각자가 믿는 것이 각자의 종교이다.

수학 마을 추천 여행 코스

자신의 수준에 맞게 돌아다니면 된다. 유서 깊은 마을이다 보니 발길 닿는 대로 걸어도 마을 곳곳에 방문할 만한 장소가 많다.

자, 이제 수학 마을 곳곳을 한번 둘러보자. 이 책과 함께 말이다.

수학마을 지도

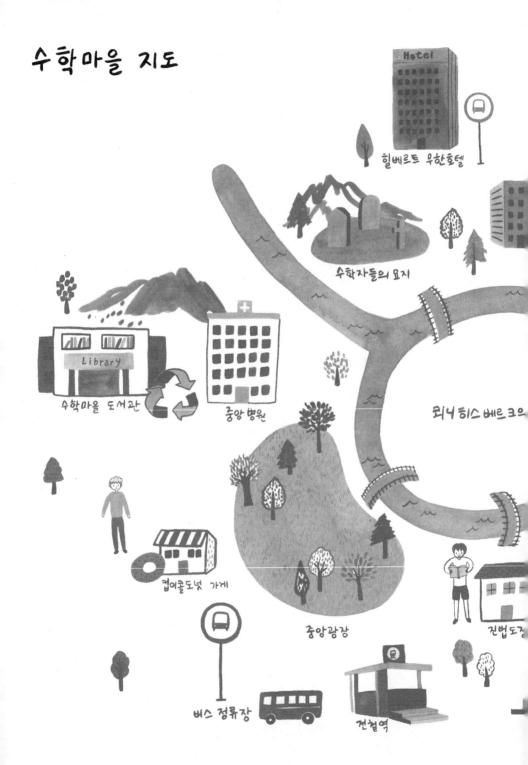

힐베르트 무한호텔

수학자들의 묘지

Library

수학마을 도서관

중앙 병원

뢰니히스베르크의

컵어골도넛 가게

중앙광장

진법도?

버스 정류장

전철역

Book Store

수학마을 고서점

원거리

피보나치씨 토끼농장

cafe

π

라이프 오브 파이 카페

workshop

스테판과 네이피어의
발명공작소

Store

아이브스의 손 잡화점

호루스의 눈 동상

터타임 중인 낙타들

N
W   E
S

이상한 시집

"구봉구 씨, 구봉구 씨!"

《이상하고 규칙적인 수학 마을로 가는 안내서》의 첫 장을 읽자마자 규칙적으로 증가하는 토끼 씨가 나를 부른다. 손에는 《토끼전》이 들려 있다. 이런, 아니다. 시집이다.

"제가 이상한 책을 하나 발견한 것 같습니다. 제목도 《이상 시집》이고, 쓴 사람도 '이상'이라고 하네요. 시도 하나같이 다 이상해요. 띄어쓰기가 하나도 안 되어 있는 시들에, 숫자들이 나오는 시도 있고. 제가 '시詩'는 잘 모르지만 수학 마을 주민으로서 '수數'는 좀 아는데 이건 도무지 감이 오질 않습니다. 한번 봐 주시겠어요?"

"저, 그 책은 이상한 사람이 쓴 이상한 시집이어서 《이상 시집》이 아니라 '이상'이라는 이름의 시인이 쓴 시집인데요. 사실 이상의 시가 좀 이상한 게 많기는 해요. 아, 이때의 '이상'은 정말 '이상하다'라는 의미의 이상이고요. 다 이상할 텐데 특히 뭘 말씀하시는 건가요?"

규칙적으로 증가하는 토끼 씨가 나에게 보여 준 시는 정말 이상했다.

환자의용태에관한문제

```
•1234567890
1•234567890
12•34567890
123•4567890
1234•567890
12345•67890
123456•7890
1234567•890
12345678•90
123456789•0
1234567890•
```

진단 0 : 1

26.10.1931

이상 책임의사 이 상

'0, 1, 2, 3, 4, 5, 6, 7, 8, 9' 그리고 '.'만 거꾸로 잔뜩 늘어놓았는데 이게 환자의 용태에 관한 문제라고? 이상하다. 그런데 뭔가 규칙적으로 나열되어 있기는 하다. 더 이상한 시도 있었다.

선에 관한 각서 2

1+3

3+1

3+1 1+3

1+3 3+1

1+3 1+3

3+1 3+1

3+1

1+3

선상의 일점 A
선상의 일점 B
선상의 일점 C

A+B+C=A
A+B+C=B
A+B+C=C

이선의 교점 A
삼선의 교점 B
수선의 교점 C

3+1
1+3
1+3 3+1
3+1 1+3
3+1 1+3
1+3 3+1
1+3
3+1

(태양광선은 렌즈 때문에 수감광선이 되어 일점에 있어서 혁혁히 빛나고 혁혁히 불탔다. 태초의 요행은 무엇보다도 대기의 층과 층이 이루는 층으로 하여금 렌즈되게 하지 아니하였던 것에 있다는 것을 생각하니 낙이 된다. **기하학**은 렌즈와 같은 불장난은 아닐는지, **유클리드**는 사망해버린 오늘 **유클리드**의 초점은 도처에 인문의 뇌수를 마른 풀과 같이 소각하는 수감작용을 나열하는 것에 의하여 최대의 수감작용을 재촉하는 위험을 재촉한다. 사람은 절망하라, 사람은 탄생하라. 사람은 탄생하라. 사람은 절망하라.)

이 시는 1과 3이 이상하고 규칙적으로 반복될 뿐만 아니라 A, B, C

까지 이상하게 등장한다. 무엇보다 더 이상한 것은 다름 아닌 한글이었다. 맨 마지막 괄호 안에 들어가 있는 말은 분명 세종대왕님이 창제하신 그 한글로 쓰인 게 맞는데 이건 '1+3'이나 '3+1'을 늘어놓은 것보다 더 이상해서 무슨 말인지 도대체 감이 잡히질 않는다.

"이상하고 규칙적인 시 같은데요, 이 책처럼. 뭔지 저도 모르겠어요."

나는 《이상하고 규칙적인 수학 마을로 가는 안내서》를 규칙적으로 증가하는 토끼 씨에게 보이며 고개를 가로저었다.

"흠, 그럼 이 책을 저에게 좀 빌려주시면 어떨까요? 제가 수학 마을에서 온 토끼인지라 이 숫자들, 기하학, 유클리드 뭐 이런 단어들을 보니 뭔가 마구마구 호기심이 생겨납니다. 우리 마을에 가서 찬찬히 연구 좀 하고 싶어지네요. 아, 규칙적으로 증가하기도 바쁘지만 말입니다. 물론 마을 병원에 보내면 답은 금방 나올지도 모르지만 이건 제가 알아내고 싶어요. 남이 찾아 주는 답과 내가 찾아내는 답은 정말이지 무게감이 다르니까요. 뿌듯함 같은 게 있잖아요, 왜."

"그런데 그 책은 제 책이 아니라 학교 도서관 거라. 제 이름으로 대출하면 되겠지만, 연체되면 곤란한데요. 규칙적으로 도서관에 오신다고 했으니 반납은 문제없겠죠? 저도 토끼 씨에게 좋은 책을 빌렸으니 저도 제 이름으로 빌려 드리죠, 뭐."

"고맙습니다. 반납은 문제없으니 걱정하지 마세요. 어라, 뫼비우스의 띠가 열릴 시간입니다. 저기 뒤틀린 공간을 보세요!"

수학 마을 방문 중, 뫼비우스의 띠

규칙적으로 증가하는 토끼 씨는 토끼 손가락으로 400번 서가와 800번 서가 복도 중앙의 어느 한 지점을 가리켰다. 어디가 뒤틀린 공간이라는 건지 모르겠지만 나는 토끼 씨가 가리키는 지점을 바라보았다. 그 순간 400번 서가와 800번 서가의 복도 중앙 끝 벽에 다음과 같은 로고가 새겨지기 시작했다.

저 로고는 어딘지 낯이 익다. 그래, 재활용 마크잖아! 쓰레기 분리수거할 때 저 마크가 표시되어 있으면 재활용이 가능해서 이렇게 저렇게 분리해야 하는 건데, 저게 수학 마을로 가는 뒤틀린 공간의 띠라고?

"이제는 우리가 헤어져야 할 시간, 다음에 또 만나요. 그런데 이 시점에서 우리 마을에 같이 가자거나 뭐 그렇게 말해야 되는 게 아닌가 싶은데요. 이렇게 좋은 책도 빌려주셨고."

사양하고 싶다. 나는 수학 숙제를 해야 하는 몸이고, 아직 첫 장밖에 안 읽었지만 그렇게 가 보고 싶은 장소는 아니지 싶다. 어쨌든 수학 마을이라니 말이다. 예의 바르게 에둘러서 거절의 말을 하기로 마음먹는다.

"저도 좋은 책을 얻었는데요, 뭐. 저는 규칙적으로 증가하는 일을 하고 있지는 않지만 숙제는 해야 한다는 규칙에 얽매여 있는 몸이라 빨리 이 책을 다 읽고 독후감을 써야 해서 말이죠. 가 보고는 싶지만 오늘은 곤란하겠네요. 이 책은 다 읽고 여기 400번 서가에 다시 꽂아 두면 되는 거죠?"

"네, 그래 주시면 고맙죠. 우리 마을에 이런 말이 있습니다. '대출한 책은 반납되어야만 한다!' 하하. 그런데 이런 말도 있죠. '백문이 불여일견이다.' 그 책 가지고 직접 우리 마을을 돌아보시면 수학 숙제는 바로 해결될 것 같은데. 어때요, 가 보시죠? 구봉구 씨는 일반인이라 혼자 이 띠를 타고 수학 마을에 가기는 힘들거든요. 하지만 제 손님으로 가실 수는 있습니다. 이런 기회는 흔치 않습니다. 왔을 때 잡아야죠."

우리는, 그러니까 나는 《이상하고 규칙적인 수학 마을로 가는 안내서》를, 규칙적으로 증가하는 토끼 씨는 《이상 시집》을 들고 서로 마주 보았다. 희미했던 로고는 점점 짙어지고 있었다. 아무래도 내가 결정을 해야 할 시점인 듯싶다. 그래, 어차피 수학 책이라면 혼자 읽기는 힘들 거고, 여행 책이라면 가서 직접 보는 게 더 나을지도 모른다. 수학 기행문이라도 쓸 수 있겠지 뭐. 나는 긍정의 눈빛과 함께 고개를 끄덕였다. 규칙적으로 증가하는 토끼 씨도 같이 고개를 끄덕이더니 주머니에서 주섬주섬 종이를 꺼내 들었다.

"자, 제가 수학 마을 방문증을 만들어 드리겠습니다. 자유이용권 같은 거죠. 이걸 손목에 차고 있으면 어디든 자유롭게 들어갈 수 있습니다. 뫼비우스의 띠를 타고 수학 마을로 들어가는 이방인들은 당연히 자유이용권 '뫼비우스의 띠'를 차고 있어야 하죠."

규칙적으로 증가하는 토끼 씨는 가위로 종이를 쓱쓱 잘라 가로는 길고 세로는 짧은 띠 모양으로 만들었다. 다음에는 한쪽 끝을 180도 (°)로 꼬아 다른 쪽 끝에 풀로 붙였다. 그러더니 다 만들었단다. 뭐야, 아이들 종이접기 시간도 아니고.

"끝, 다 만들었습니다. 이게 바로 '뫼비우스의 띠'랍니다. 이 띠는 언제 봐도 재밌지 뭡니까. 보세요. 포인트는 한 번 꼬아서 만드는 데 있지요. 그냥 보통 팔찌처럼 만든다면 안과 밖이 명확히 구분되겠지요. 어느 한 지점에서 출발해 한 바퀴 돌면 다시 그 지점으로 돌아오고 말이지요. 하지만 이 뫼비우스의 띠는 안과 밖의 구분이 없답니다. 어느 한 지점에서 출발해 한 바퀴 돌면 출발한 곳과 정반대 면에 이르게 되고, 여기에서 다시 한 바퀴 더 돌면 원래의 출발점으로 돌아오죠. 자, 이걸 손목에 차세요, 자유이용권처럼. 그리고 수학 마을로 돌아가는 뫼비우스의 띠를 탑시다."

400번 서가와 800번 서가의 뒤틀린 공간에 떠오르기 시작한 재활용 마크가 선명해졌다. 자세히 보니 재활용 마크는 어딘지 뫼비우스의 띠를 닮았다.

수학 마을 도서관에 도착하다

"자, 다 왔습니다."

내 등 뒤로 재활용 마크가 서서히 흐려지고 있었다. 나는 여전히 400번 서가와 800번 서가 사이의 복도에 있었다. 하지만 학교 도서관이 아니었다. 비슷하지만 다르다. 뭔가 수학적인 공기가 느껴진다고 해야 하나. 그런 게 있다면 말이다. 내가 도착한 곳은 수학 마을의 도서관이었다. 이 마을 도서관에서 책을 분류하는 방법은 우리 학교와 다르지 않았다. 그런데 책 제목들을 보니 좀 편집증적이다.

000번 서가에는 《수학 백과사전》, 《수학 신문》, 《오세아니아 수학 저널리즘》 뭐 이런 책들이 가득했다.

철학 관련 분류인 100번 서가에는 《수학 철학사》, 《경험주의 관점에서 본 수학》, 《수학 실존주의》, 《수학 본성에 관한 논고》, 《차라투스트라는 수數라고 말했다》, 《수학적인, 너무나 수학적인》, 《선악의 저편, 수학의 계보》, 《순수수학비판》 같은 책들이 있었다.

종교 관련 분류인 200번 서가에는 《수학 창세기》, 《태초에 숫자가 있었다》, 《너희가 수학을 믿느냐》, 《수학, 보이지 않는 믿음》 같은 책들이 있었다.

아, 머리가 아프다. 수학으로 가득한 도서관이라니. 예술 관련 서가
는 좀 나을까 하고 가 봤더니 웬걸, 《이차 함수는 아름답다》, 《루브르
박물관에서 만난 수학》, 《셀카는 수학적 각도가 생명이다》, 《피타고라
스, 수학을 연주하다》, 《비너스의 몸매가 아름다운 수학적 이유》, 《바
흐의 평균율: 음악에 담긴 수학적 질서》……. 아아…… 아아…… 아
아……. 모든 것이 수학과 만나고 있었다.

"구봉구 씨가 들고 있는 《이상하고 규칙적인 수학 마을로 가는 안내
서》는 여행 관련 서가에 있던 거죠. 이 도서관은 수학 마을 지식의 보
고이기도 하지만 출입구이기도 하답니다. 구봉구 씨 학교 도서관에서
우리 마을 도서관으로, 우리 마을 도서관에서 구봉구 씨 학교 도서관
으로. 뭐 이렇게 출구와 입구가 하나로 연결된 장소지요. 도서관을 나
가면 바로 중앙 광장으로 이어지는데 거기 있는 중앙 병원이 유명해
요. 거기부터 가 보실래요? 안내서에 자세히 나와 있으니까 혼자 다니
기에 무리는 없을 겁니다. 제가 안내해 드리고 싶지만 저는 피보나치
씨 농장에 돌아가야 해서요. 이미 많이 늦었거든요. 피보나치 씨가 걱
정하고 계실 겁니다. 규칙적으로 증가해야 하는데 늦으면 규칙적이지
않게 되니까요. 혹시 제 도움이 필요하시면 피보나치 씨 농장으로 찾
아오세요. 피보나치 씨 농장도 안내서에 나와 있습니다."

《이상한 나라의 앨리스》에 나오는 토끼기만 하는 토끼는 아니라고

하더니만 이거 이거 결국엔 토끼는 거 아닌가 하는 생각이 들었다. 하지만 사람은, 아니 토끼도 다 자기 세상에서 자기 일을 해야 하는 순간이 있는 법이다. 규칙적으로 증가하는 토끼 씨는 자기 세상에서 규칙적으로 증가해야 하는 거다. 도대체 규칙적으로 증가하는 일이 어떤 건지는 모르겠지만 말이다.

규칙적으로 증가하는 토끼 씨와 헤어진 후 중앙 광장으로 걸음을 옮겼다. 중앙 광장에는 뾰족한 탑들이 솟아 있는 고풍스러운 건물이 웅장하게 자리하고 있었다. 병원이라기보다는 성당처럼 보이는 건물이었다. 병원이 맞나 싶었는데 안으로 들어가니 내부는 나선형 에스컬레이터가 지하 2층부터 지상 3층까지 이어져 있고 흰 가운을 입은 의사들이 바쁘게 움직이고 있었다. 이 병원에서 뭘 봐야 하는 것인지 의아해서 우선은 안내서를 읽어 보기로 했다.

………………………………… 이상하고 규칙적인 수학 마을로 가는 안내서 2

중앙 병원
- 세상 모든 숫자가 탄생하는 곳

마을에서 가장 역사가 깊은 곳은 마을의 중앙에 있는 중앙 병원이다.

현재의 중앙 병원은 고풍스러운 고딕 양식의 건물이지만 수천 년 전에는 이렇다 할 건물도 없이 초원의 너른 땅을 바닥 삼아, 하늘을 지붕 삼아 존재했다고 한다. 그리고 몇몇 개척자 정신을 지닌 선조들이 있어 늘 '무언가'를 찾아내기를 꿈꾸며 그 자리에 앉아 있었다고 한다. 궁상맞아 보였을까. 글쎄다.

현 중앙 병원의 건물 구조는 간단하다. 지하 2층과 지상 3층의 총 5층짜리 건물이다. 지하 2층은 주차장이다. 의사들은 물론 외래 환자, 방문객들은 모두 이 주차장을 이용하고 있다. 지하 1층은 전체가 다 자료 보관실이다. 중앙을 중심으로 왼쪽에는 완치된 환자들의 차트가 보관되어 있어서 치료 중에 궁금증이 생기거나 유사한 상태가 발견되면 의사들은 곧장 이쪽을 찾는다. '해결의 왼쪽'이라고도 불린다.

오른쪽은 '미해결의 오른쪽'으로 난치 상태의 환자 차트들을 보관하고 있다. 언제나 의욕적인 의사들은 자신의 힘으로 이 문제를 해결하려고 항상 오른쪽 보관실 근처를 어슬렁거린다. 불치라는 것은 중앙 병원에서는 있을 수 없다. 아직 낫지 않았을 뿐 언젠가는 치유될 수 있다고 믿기 때문이다. 일례로 페르마 씨의 경우를 들 수 있다. 페르마 씨의 문제도 오랫동안 난치 상태였지만 절대 불치라고 믿지 않은 의사들에 의해 결국 '미해결의 오른쪽' 보관실에서 '해결의 왼쪽' 보관실로 넘어간 차트 중 하나이다.

이제 지상으로 올라가자. 중앙 병원 1층과 2층은 모두 산부인과 병동으로 여기에서 온갖 생명들이 탄생한다. 3층은 이 생명체들이 살아가면서 이런저런 문제에 부딪혔을 때 그 문제들을 전문적으로 진료하기 위해 내과, 외과, 피부과, 정형외과, 정신과 등이 자리한 일반 병동이다.

중앙 병원 산부인과: 태초에 수數가 있었다

중앙 병원이 땅을 바닥 삼아 하늘을 지붕 삼아 존재했던 시절부터 시작해 가장 유서 깊은 전통을 자랑하는 곳이 있다. 지금도 새 생명이 탄생하고 있는 '산부인과'이다. 다른 마을에서는 신생아의 수가 감소하고 있다지만, 우리 마을에서 탄생은 무한지대에 속한다. 사람들이 다 죽어도 이곳의 탄생은 끝나지 않을 것이다. 단지 그 수를 헤아릴 사람들이 없을 뿐이다. 사람들이 있다 해도 물론 그 수의 끝을 헤아릴 수는 없다. 이 병원에서 매일 탄생하는 신생아는? 그렇다, 바로 '수數'다.

중앙 병원의 가장 큰 업적은 바로 이 최초의 수를 탄생시켰다는 데에 있으며 지금도 우리 마을의 자부심으로 자리하고 있다. 수의 탄생이 바로 그 무언가를 찾아내려 했던 개척자 정신의 산물이라고 할 수 있다. 그러나 아쉽게도 최초의 수의 탄생은 베일에 싸여 있다. 지금의 우리로서는 아주 먼 옛날 문자가 없던 시절처럼 수가 없던 시절로 거슬러 올라가 짐작해 볼 수밖에 없다. 중앙 병원의 문헌 자료실에서는 입에서 입으로 전해져 오는 탄생의 전설들을 바탕으로 제작된 〈수: 최초의 탄생 설화〉라는 다큐멘터리를 상영하고 있다. 다큐멘터리를 보기 전 당신의 이해를 돕기 위해 다음과 같은 상상을 해 보길 권한다.

당신은 문자도, 숫자도 없는 시절에 살고 있다. 당신의 거주지 앞에는 넓은 초원이 있고, 뒤로는 빽빽한 숲이 있다. 어느 맑은 오후 당신 왼쪽에 양이 1마리 나타난다. 양은 당신을 말똥말똥 쳐다본다. 당신도 양을 말똥말똥 쳐다본다. 잠시 후 당신 오른쪽으로 양 떼거리가 나타난다. 양 떼거리가 당신을 말똥말똥 쳐다본다. 당신도 양 떼거리를 말똥말똥 쳐다본다. 왼쪽과 오른쪽을 번갈아 쳐다본다. 다 같은 생김새의 양들이다. 그런데 뭔가 다르다. 오른쪽 양 떼거리가 훨씬 많다. 그렇구나, 당신은 생각한다. 왼쪽은 '무언가 적고' 오른쪽은 '무언가 많다'는 것을 깨닫는다.

이때 번개가 치고 천둥이 울리더니 초원의 중앙으로 늑대가 1마리 나타난다. 당신은 이번에는 중앙의 늑대와 왼쪽의 양을 번갈아 쳐다본다. 그렇구나, 당신은 생각한다. 왼쪽의 양과 중앙의 늑대는 생김새는 다르지만 '무언가 같다'라는 것을 깨닫는다. 아직 당신에게 '='이라는 기호는 없다. 하지만 당신 머릿속에서 뭔가 이상하기는 하지만 '양=늑대'라는 개념이 생겨난다. 아직은 잠깐 스쳐 갔을 뿐이다. 당신은 지금 양을 잡아야 할 때이기 때문이다. 내일 있을 부족 모임에 나가 친구들과 '누가 더 많은 양을 가지고 있는가'를 놓고 자랑하려면 가능한 한 많은 양이 필요하다.

당신은 늑대를 쫓고 왼쪽보다는 '무언가 많은' 오른쪽 양 떼거리 쪽으로 가서 양들을 잡는다. 성공이다. 그런데 이 많은 양들을 데리고 산 넘고 물 건너 부족 모임 장소까지 가려니 한숨부터 나온다. 가는 도중에 잃어버릴 수도 있고 늑대에게 빼앗길 수도 있다. 무엇보다 양 몰이는 피곤한 노동이다. 당신은 어떻게 하면 좋을지 궁리하다가 문득 스쳐 간 생각을 떠올린다. 아까 양과 늑대가 생김새는 다른데 무언가 같다는 걸 직감적으로 알지 않았는가. '양=늑대'라면 다른 뭔가도 가능하지 않을까.

손을 빙빙 돌리며 궁리하던 당신은 문득 손을 본다. 손가락들이 예쁘게 달려 있다. 어럽쇼, 손가락이라. 손가락 하나에 양 하나. 당신은 곧 깨닫는다. 손가락을 양처럼 보면 된다. '양=늑대=손가락.' 좀 이상하다. 하지만 무언가는 분명 같다. 당신은 양들 앞에 손가락 하나씩을 일대일로 대응시켜 본다. 모두 5개다(물론 당신에게 아직 '5'라는 기호나 개념은 없다). 이얏호, 당신은 탄성을 내지른다. 이제 당신은 당신 친구들에게 양이 많다고 자랑하기 위해 일일이 양들을 끌고 다닐 필요가 없다. 힘만 들 뿐이다. 그저 한 손을 쫙 펴서 보여 주기만 하면 된다. 물론 그 전에 친구들에게 이 손가락들을 양으로 생각하라고 설득해야겠지만.

그런데 이런 운 좋은 당신. 당신의 양은 갈수록 불어난다. 당신은 앞서 깨달은 방법을 확장시켜 손가락, 발가락 모두 이용해서 양의 수를 헤아려 본다. 그러나 양들은 이미 손가락, 발가락을 넘어섰다. 이를 어쩐다. 양들이 불어나 재산이 두둑해진 것은 좋지만 손가락, 발가락을 넘어섰으니 양 자랑을 하려면 다시 양들을 끌고 가야 할 판이다. 당신은 다시 한 번 머리를 회전시켜 본다.

'양=늑대=손가락'이 가능하다면 다른 게 안 될 까닭도 없다. 무언가 손가락, 발가락보다 많은 것. 마침 숲에 널려 있던 돌멩이들이 눈에 들어온다. 당신은 양들 앞에 돌멩이들을 하나씩 일대일 대응시켜 본다. 모두 23개다(물론 당신에게 아직 '23'이라는 기호나 개념은 없다). 이얏호, 당신은 또 한 번 탄성을 내지른다. 이제 당신은 얼마나 많은 양을 가졌는지 보여 주기 위해 양들을 끌고 다닐 필요도, 손가락, 발가락을 휘휘 흔들며 우스꽝스러운 몸짓을 할 필요도 없다. 그저 이 돌멩이들을 보여 주기만 하면 된다. 물론 그 전에 양들이 손가락들이 되었다가 다시 돌멩이들이 되었다고 설득해야 하겠지만.

당신 친구들은 "이런 미친놈을 봤나. 양을 자랑하라니까 처음에는 손가락을 양이라고 우기더니, 이번엔 돌멩이가 양이라고 우기네"라고 할 수도 있다. 하지만 당신이 "우가우가" 하면서(사실 인류 최초의 음성 언어가 '우가우가'인지 확실히 알려진 바는 없다) 양을 그려 손가락과 일대일 대응을 시키면서 설득하고, 다시 돌멩이와 일대일 대응시키면서 설득한다면 이 방법은 금세 무리들 사이로 퍼져 나갈 것이다. 원래 간단하고 편한 것은 빨리 번져 나가는 법이다.

살짝 감이 오는가. 당신과 당신 친구들이 발견한 게 무엇인지 말이다. 그렇다. (어, 난 그게 뭔지 모르는데 하는 독자도 있을 것이다. 하지만 이건 그저 문답법일 뿐이다. 그냥 당신이 알아냈다고 가정하는 말일 뿐이다. 못 알아냈다고 좌절할 필요는 없다.) 그것은 바로 이 유서 깊은 중앙 병원 산부인과의 기적적인 탄생이자 최초의 수의 탄생이다. 눈으로 보이는 것만 볼 줄 알던 선조들은 구체적인 사물들 사이에서 '뭔가'를 발견하게 되었고 드디어 그것을 추상화시킬 수 있게 되었다. 기호화시켰다고도 할 수 있다. 양 1마리=돌멩이 1개, 양 2마리=돌멩이 2개. 이것이 바로 우리 병원 최초의 탄생이다. '수'라는 개념의 탄생.

얼굴의 복도

중앙 병원 1층은 전체가 '수 개념의 탄생' 병동이다. 앞서 말한 문헌 자료실도 1층에 자리하고 있다. 문헌 자료실에는 일반인 출입이 가능하지만 다른 방들은 수를 다루는 의사들만 출입할 수 있기 때문에 문헌 자료실을 먼저 소개했다.

이제 1층의 각 방들을 소개한다. 우선 '개념 없는 방'으로도 불리는 '수 탄생 재현의 방'이 있다. 이 방에서는 초원이라든지 동굴을 만들어 놓고 여기에 개념 없는 상태의 의사(우리는 선구자 의사라고 부른다)들이 모여 앉아 담소를 나누도록 되어 있다. 물론 주변에는 양들도 있고 늑대도 있고 재미 삼아 공룡들도 두어 마리 있다. 걱정할 필요는 없다. 의사들을 빼고는 다 정교한 시뮬레이션 프로그램이다. 이 방은 의사들에게 인기가 많기도 하고 없기도 하다. 얼핏 한가해 보이지만 수천 년의 시간 동안 머물러야 하기 때문이다. 또, 수를 좋아하는 의사들이 이 방에 배정받으면 뇌를 초기화시켜 개념 없는 상태로 만들어야 한다. 어쨌든 이 방에서는 수를 생각하지 않고 양이나 늑대를 번갈아 보면서 '이건 뭐지, 이건' 하며 고민만 하면 된다. 지루하면 잠깐 공룡을 보고 '으악' 놀라고 다시 돌아와 '이건 뭐지, 이건 뭐지'의 상태에 빠져들면 된다.

개념 없는 방 옆이 바로 문헌 자료실이다. 우리는 전해져 온 탄생의 전설을 다큐멘터리로 만들어 보관하기도 하지만 그 기억을 지금의 DNA에도 각인시키고 싶어 한다. 개념 없는 방에서는 바로 그 작업이 이루어지고 있다. 비록 수천 년의 세월이 흐를지라도 말이다.

개념 없는 방과 문헌 자료실을 지나면 다른 방들로 이어지는 복도가 나온다. 이 복도는 '얼굴의 복도'라고도 한다. 이곳에는 숫자들의 초상화가 걸려 있다. 얼굴의 복도에서 유명한 초상화들이 몇 개 있다. 파리 루브르 박물관에서 사람들이 제일 많이 모여 있는 장소가 〈모나리자〉 근처이듯이 이 복도의 유명 초상화 앞에도 많은 여행자들이 모여 있다. 그중에서 특히 수학 마을 여행자들이 놓쳐서는 안 되는 몇 가지 초상화들을 소개한다.

매듭을 짓다*

우선 〈매듭을 짓다〉라는 제목이 달린, 고대 잉카제국에서 발견된 '키푸quipu' 초상화를 들 수 있다. 고대 잉카인들 사이에서 탄생한 수의 얼굴이 바로 이 키푸이다. 잉카인들은 길이 1미터 안팎의 가느다란 끈에 적당한 간격을 두고 매듭을 만들어 수를 표현했다. 키푸는 화려하지는 않지만 소박함이 있고, 원시적인 형태이기는 하지만 뭔가 그리움을 자아내는 매력이 있다. 바쁜 현대인들은 휴식을 즐기는 것처럼 이 키푸 앞에서 아이 같은 미소를 짓고 떠나고는 한다.

〈쐐기를 박다〉라는 제목의 초상화는 고대 문명의 발상지 중 하나인 메소포타미아 숫자 초상화이다. 메소포타미아에서는 점토판 위에 쐐

* Inca Quipu: 1400 D.C. Inca communication system. From the Larco Museum Collection. Released for free use.

기 모양의 기호를 새겨 숫자를 표현했다고 한다. 이 초상화가 특히 주목받는 이유 중 하나는 10진법이 아니라 60진법을 사용했기 때문이다. 지금 우리는 '0, 1, 2, 3, 4, 5, 6, 7, 8, 9'라는 10개의 숫자

쐐기를 박다

를 한 묶음으로 하여 자리를 올려 가는 10진법에 익숙하지만 고대 메소포타미아에서는 60씩 한 묶음으로 하여 자리를 올려 갔다는 것을 이 초상화에서 알 수 있다. 시간을 생각하면 이해가 쉬울 수도 있다. 1초, 2초, 3초…… 59초가 지나면 땡, 60초가 되는데 이 60초가 다시 1분이 지 않은가. 진법에 대해서는 다양한 진법을 연마하는 '진법 도장'에 가면 더 상세하게 알 수 있을 테니 자세한 설명은 생략하기로 한다.

파피루스의 기억

막대기 또는 한 획	뒤꿈치 뼈	감긴 밧줄	연꽃	가리키는 손가락	올챙이	놀란 사람 또는 신을 경배하는 모습
1	10	100	1000	10000	100000	1000000

피라미드, 파라오의 저주, 나일 강 등을 생각하면 떠오르는 나라가 있다. 이집트. 이 이집트의 숫자 초상화 〈파피루스의 기억〉도 인기가 많

은 작품이다. 이 초상화를 〈파피루스의 기억〉이라고 부르는 이유는 단순하다. 메소포타미아에서는 숫자가 점토판에 새겨진 반면 이집트에서는 파피루스에 새겨져 있기 때문이다. 아시다시피 종이, Paper란 단어는 파피루스papyrus에서 유래되었다. 이집트에서는 파피루스라는 갈대와 비슷한 식물을 종이처럼 만들어 여기에 그들의 모든 문화, 수학 문화까지도 기록하고 있다.

이 〈파피루스의 기억〉은 고대 이집트의 상형 문자로 표현되어 있어서 이해하기가 쉽지 않다. 해독하기 어려운 암호문 같다. 하지만 해독의 단서가 된 사건이 있었다. 1799년 나폴레옹Napoleon I은 이집트의 '로제타'라는 작은 도시에서 알 수 없는 상형 문자들이 기록된 바위(지금 우리는 '로제타석'이라고 부른다)를 하나 발견하게 된다. 이후 이 '알 수 없는 상형 문자'를 해독하기 위한 시간과 노력들이 있었고, 마침내 고대 이집트에서 숫자를 어떻게 표현했는지 알게 되었다.

잠시 〈파피루스의 기억〉을 해독하면 이렇다. 세로로 놓인 막대기 모양은 바로 1을 의미한다. 2에서 9까지는 이 막대기를 하나씩 늘려 가는 것으로 표현했다. 10은 말발굽을 닮은 모양을 하고 있으며, 100은 나일 강이 범람할 때마다 사라지는 땅의 경계를 다시 만들기 위해 쓰인 측량용 밧줄의 모양을 하고 있다. 나일 강에는 연꽃들이 많았다고 전해지는데 이렇게 많은 연꽃에 비유해 1000을 연꽃 모양으로 표현한다. 손가락을 구부린 모양 같기도 하고 파피루스의 싹 같기도 한 모양은 10000을 표현하고 있다. 100000은 올챙이 모양이다. 연못에서 올챙이들을 본 적 있다면 얼마나 옹기종기 떼거리로 모여 있는지 알 것이다. 1000000은 큰 수에 놀라 양팔을 들고 있는 사람의 모양을 본떴다고 한다. 지금 우리가 '억億'이라는 숫자에 '억' 하고 놀라는 심정이랄까. 고대 이집트의 숫자, 〈파피루스의 기억〉에는 나일 강을 중심으로 살아간 그들의 삶 속 이야기가 농축되어 있다.

그림과 제목이 같은 〈MCMLXXXIV〉이라는 제목의 이 초상화는 로마 시대의 숫자 초상화이다. 'I, II, III, IV, V, VI, VII, VIII, IX, X'와 같은 로마 숫자들은 지금도 시계

MCMLXXXIV

MCMLXXXIV

의 문자판이나 책의 장을 나타내는 데 쓰이고 있어서 퍽 익숙할 것이다. 그런데 이 초상화에는 'M', 'C'와 같은 이상한 기호들도 보인다.

이 문자들이 어떻게 숫자의 초상화가 될 수 있다는 말인가. 도대체 이 초상화의 의미는 무엇이란 말인가. 이 초상화의 의미를 이해하려면 몇 가지 사실을 알아야 한다. 우선 로마 숫자는 'I, V, X, L, C, D, M' 이라는 문자를 사용했다는 사실이다. I는 1, V는 5, X는 10, L은 50, C는 100, D는 500, M은 1000을 의미한다. 이해를 돕기 위해 로마 숫자를 정리하면 다음과 같다.

1	2	3	4	5	6	7	8	9	10	50	100	500	1000
I	II	III	IV	V	VI	VII	VIII	IX	X	L	C	D	M

로마 숫자에 숨겨진 덧셈과 뺄셈의 원리도 알아야 한다. 로마 숫자는 큰 단위부터 적기 때문에 오른쪽으로는 덧셈의 원리가 작용한다. VI

은 5+1이라는 의미로 6을 나타낸다. 반면 작은 단위가 큰 단위 앞에 올 때는 뺄셈의 원리가 작용한다. 이때는 큰 단위에서 작은 단위를 빼 주어 계산한다. IV를 예로 들어 보자. I는 V보다 단위가 작다. 작은 단위가 큰 단위보다 앞에 왔으니 이제 큰 단위에서 작은 단위를 빼 보자. 5−1. 그렇다, 4가 된다.

이제 이 초상화의 의미를 이해할 수 있을 것이다.

M	CM	LXXX	IV
1000	100, 1000 (1000−100)	50+10+10+10	4

〈MCMLXXXIV〉는 〈1984〉라는 뜻을 담고 있다. 조지 오웰George Orwell이라는 작가가 쓴 소설 제목과 같다. 만약 조지 오웰이 지금의 숫자가 생기기 이전 로마에서 이 소설을 썼다면 이 책의 제목은 〈MCMLXXXIV〉이 됐을 것이다.

초상화를 감상하다 보면 어느덧 얼굴의 복도 끝에 다다르게 된다. 이 복도가 끝나는 곳에 '아라비안 나이트'라는 별명을 가진 방이 있다.

여기까지 읽고 고개를 드니 안내 방송이 나오고 있었다.

"안내 말씀드립니다. 지금 1층 문헌 자료실에서 다큐멘터리 〈수: 최초의 탄생 설화〉를 상영할 예정입니다."

나는 안내서에 따라 개념 없는 방을 지나 문헌 자료실로 갔다. 다큐멘터리는 지지직거리는 흑백 화면에 '우가우가' 소리만 들리는 무성 영화였다. 아마도 수천 년의 시간을 표현하기 위해 의도적으로 사용한 기법인 것 같았다. 지금의 나로서는 너무나 당연한 것, 양 1마리와 늑대 1마리가 모두 1이라는 공통성을 갖는다는 것. 그 깨달음은 결코 하루아침에 이루어진 것이 아니었다. 문득 인류가 수천 년의 시간 속에서 끝내 수라는 개념을 탄생시킨 것이 불을 발견한 것보다 더 위대하다는 생각이 들었다. 수학 선생님 말씀이 생각났다. 수의 개념이 없었다면 내 이름은 '봉구'가 아니라 '봉봉봉봉봉봉봉봉봉'일 수도 있었던 것이다.

문헌 자료실을 나오니 아까는 못 봤던 현판이 눈에 들어온다. 중앙병원 정문으로 들어오면 바로 보이는 자리였다.

인류가 '닭 2마리'의 2와 '이틀'의 2를 같은 것으로 이해하기까지 수천 년이라는 시간이 걸렸다. **– 버트란드 러셀**Bertrand Russell

저 문장이 인류가 닭대가리라는 뜻이 아니라는 것을 이제는 알겠다. 괜스레 혼자 벅차하면서 얼굴의 복도로 갔다. 수의 얼굴들은 정말 다양했다. 세상에 다양한 인종들이 있는 것처럼. 또 수의 얼굴들은 어렵기도 했다. 잉카에서처럼 매듭으로 표현된 숫자나 메소포타미아의 점토판에 새겨진 쐐기 모양 숫자들, 이집트의 이야기가 있는 상형 문자로 된 숫자들, 숫자인지 문자인지 읽기 어려운 로마 숫자들. 정확한 비유는 아니지만 크로마뇽인, 네안데르탈인 등을 거쳐 지금의 현생 인류인 호모사피엔스가 등장한 것처럼 수의 얼굴도 다양한 변화 과정을 거쳐 지금의 얼굴에 이르렀다는 생각이 들었다.

지금의 얼굴? 아, 그러고 보니 지금 우리가 일반적으로 사용하고 있는 숫자는 아라비아 숫자잖아. 아라비아 숫자가 가장 나중에 생겨난 숫자는 아니지만 현재 가장 널리 쓰이고 제일 편하고. 그런데 얼굴의 복도에 아라비아 숫자 초상화는 없었는데. 어쩌면 얼굴의 복도 끝에 있는 아라비안 나이트라는 방이 아라비아 숫자라는 현생의 초상화를 보여 주는 곳일지도 모르겠다. 나는 양과 늑대를 지나, 〈매듭을 짓다〉와 〈쐐기를 박다〉, 〈파피루스의 기억〉, 〈MCMLXXXIV〉를 지나 복도 끝에 있는 방으로 향했다.

숫자들이 노래하는 아라비안 나이트

good
Idea

'아라비안 나이트'라는 방은 문이 다른 방들과 달랐다. 다른 방 문이 한 짝뿐인 여닫이문이었는데 이 방은 두 짝으로 된 미닫이문이다. 방문 위에는 이상한 기호 같은 것이 적혀 있었다.

٠ ١ ٢ ٣ ٤ ٥ ٦ ٧ ٨ ٩ ٠ ١ ٢ ٣ ٤ ٥ ٦ ٧ ٨ ٩

얼굴의 복도 끝에 있는 또 다른 숫자의 초상화인지, 무슨 암호인지, 이도 저도 아니면 아라비안 나이트 방이니까 '열려라, 참깨'라는 뜻의 고대 문자인지 나로서는 도무지 알 수 없었다.

이상한 기호보다 더 이상한 것은 문의 모습이었다. 무엇보다 문의 왼쪽과 오른쪽에 새겨진 문양들이 서로 달랐다. 왼쪽 문에는 인간인지 신인지 알 수 없는 기괴한 형상들이 수없이 새겨져 있었다. 그중 3개의 형상이 특히 두드러졌다. 하나의 몸통에 동서남북을 바라보는 4개의 얼굴과 4개의 팔을 가진 형상 아래에는 '브라흐마Brahma, 세상과 생명을 창조하다'라는 글귀가 새겨져 있었다. 4개의 손에 원반, 철퇴,

고둥, 연꽃을 들고 바다 위에 떠 있는 뱀 위에서 자고 있는 남자의 형상 아래에는 '비슈누Vishnu, 우주를 보호하고 유지하노라'라는 글귀가, 이마에 눈이 하나 더 달려 3개의 눈을 가진 형상에는 '시바Shiva, 파괴와 변형을 부르다'라는 글귀가 새겨져 있었다. '시바'라는 이름을 보니 아마도 인도를 상징하는 신들의 모습을 새긴 문양들이 아닌가 싶다.

오른쪽 문에는 위가 둥근 돔 형태의 테두리를 따라 무슨 나뭇잎 같기도 하고 기하학적인 무늬 같기도 한 문양들이 패턴을 이루어 교차하면서 반복적으로 나타나고 있었다. 아라베스크 문양이다. 이 아라베스크 문양의 테두리 안에는 페르시안 양탄자 위에 비스듬히 앉아 램프를 문지르고 있는 세헤라자드가 그려져 있었다. 램프를 문지르는 것은 알라딘이어야 하는 거 아닌가 했지만 비스듬히 앉은 여인 옆에 누워 잠들어 있는 남자를 보니 아무래도 천일야화를 들려주는 세헤라자드가 맞지 싶다. 램프에서 나오는 연기를 따라 알라딘, 신밧드, 알리바바와 40명의 도적들 등이 몽실몽실 떠오르고 있었다.

왼쪽은 인도의 문이고, 오른쪽은 아라비아의 문이다. 이 기괴한 두 문을 열어야 아라비안 나이트 방에 들어가게 된다. 모험심이 넘쳐 나는 소년처럼 확 문을 열고 들어갈 수도 있겠지만 겁이 났다. 세상과 생명을 창조하고, 그 세상을 보호하고 유지하다가도 변형시키고 파괴하는 마법에 걸릴까 봐, 나도 저 램프의 연기 위에 하나의 이야기가 되어 몽실몽실 떠오를까 봐. 그렇게 되면 나는 규칙적으로 증가하는 토끼 씨와 함께 그려지게 될까, 이 안내서와 함께 그려지게 될까. 이 문을 열어야 할까, 말까.

나는 원래 안전제일주의 학생이어서 배움에 있어서도 결코 앞서 가는 법이 없으며, 미지의 것에 부딪히려는 모험심도 자제하는 편이다. 이미 뫼비우스의 띠를 타고 이 마을에 들어온 것만으로도 나로서는 엄청난 모험심을, 대략 4년 주기로 찾아오는 모험심의 총량을 다 발휘한 상태다. 한편으로는 어차피 뫼비우스의 띠를 타고 이 마을에 들어왔다면 이 문을 못 열 것도 없다는 생각이, 다 써 버린 줄 알았던 모험심이 스멀스멀 생겨났다. 모험을 하는 것, 잘 닦인 길이 아니라 다듬어지지 않은 길을 걸어가는 것. 이 나이에 해 봐야지 언제 해 보겠나. 움직이지 않으면 나아갈 수 없다. 그래, 문을 열자!

아무 일도 일어나지 않았다. 그저 문이 열렸을 뿐이다. 아라비안 나이트 방은 말 그대로 '나이트night', 밤이었다. 캄캄했다. 어둠 속에서 어쩔 줄 몰라 하고 있는데 갑자기 사방의 벽에서 조명이 하나씩 켜지기 시작했다. 캄캄한 어둠의 방에서 숫자들의 빛이 밝아 오기 시작했다. 아라비아 숫자였다. 고대의 인도와 아라비아라는 기괴한 문을 넘어서니 어둠 속에서 나를 맞이한 것은 아라비아 숫자라는 여명이었다. 하나하나 빛이 밝아 오면서 숫자들의 노래가 들려왔다.

1 일찍이 인더스 강과 갠지스 강 유역의 인도에서도 메소포타미아, 이집트처럼 고대 문명이, 인더스 문명이 움트고 있었네. 그리고 그들 역시 메소포타미아나 이집트처럼 그들만의 숫자를 가지고 있었네. 인도 숫자의 특징은 숫자를 나타내는 9개의 기호를

사용한 10진법의 체계라는 점이라네. 9개의 숫자가 10이 되면 자릿수가 하나 올라갔다네. 빈자리에는 점을 찍어 표시했다네.

2 이 숫자는 아주 편리했다네. 이전의 숫자들은 자릿수가 하나씩 올라갈 때마다 새로운 숫자를 만들어야 했다네. 하지만 인도 숫자는 1에서 9까지 쓰고 그다음 숫자를 쓸 때 새로운 숫자를 만들 필요가 없었네. 자릿수가 올라갈 때 빈자리에 찍는 점으로 충분했다네. 그렇게 해서 숫자의 위치가 수의 값을 결정할 수 있었다네. 365는 3과 6과 5가 아니었지. 300과 60과 5라는 뜻이었다네. 3은 100의 자리에 있기 때문에 300이 될 수 있었고, 6은 10의 자리에 있기 때문에 60이 될 수 있었고, 5는 1의 자리에 있기 때문에 5가 될 수 있었다네. 333은 다 3이 쓰였지만 다 같은 3은 아니라네. 그런 거라네.

3 삼가 경의를 표하세. 인도 숫자로 인해 수의 여명이 밝아왔다네. 로마 숫자로 덧셈이나 뺄셈을 한다고 생각해 보세. 미칠 노릇이라네. 이제 우리는 9개의 숫자 기호와 빈자리를 뜻하는 점만 있으면 큰 수도 쉽게 쓸 수 있다네. 계산도 쉽게 할 수 있다네. 위대한 인도 숫자에 경의를 표하세. 그런데 왜 우리는 아라비아 숫자라고 부르는 것인지 궁금해지네.

4 　사실은 이렇다네. 인도 숫자는 운명의 바람처럼 아라비아로 전파되었다네. 그들은 인도 숫자의 편리함과 위대함을 알아보았다네. 더욱 발전시켰다네. 당시 아라비아 왕국은 융성했다네. 교역도 활발했다네. 다시 운명의 바람처럼, 바람의 운명처럼 아라비아 상인들에 의해 이 숫자 체계는 유럽으로 전파되었다네. 그래서 그렇게 된 거라네. 불편한 숫자를 쓰다가 아라비아에서 물 건너 온 숫자를 만난 유럽인들은 행복했다네. 아라비아에서 건너온 운명의 바람, 그들은 이를 아라비아 숫자라고 불렀네.

5 　오, 유럽에 아라비아 숫자를 대중화시킨 사람의 이름을 기억하네. 피보나치에게 영광을! 이탈리아 수학자 피보나치 Leonardo Fibonacci는 그 누구보다 이 인도-아라비아 숫자에 주목했네. 그리고 진가를 알아보았네. 그 후 인쇄술의 발달과 더불어 아라비아 숫자는 대중화되기 시작했네. 그리하여 우리가 지금 사용하는 아라비아 숫자의 모양으로 다듬어지기 시작했네.

6 　육신의 다채로움이여. 인도-아라비아 숫자는 지금 우리가 쓰는 아라비아 숫자의 모습이 아니라네. 지금의 육신이 아니었다네. 9개의 숫자들과 빈자리에 찍었다는 점은 이런 모습도, 저런 모습도 있네. 아라비안 나이트 방문 앞에 쓰인 기호가 바로 이것들이라네.

아라비아-인도식은 이렇다네.

٠ ١ ٢ ٣ ٤ ٥ ٠ ٦ ٧ ٨ ٩

동아라비아-인도식은 이렇다네.

٠ ١ ٢ ٣ ٤ ٥ ٦ ٧ ٨ ٩

나중에 유럽식으로 다듬어진 아라비아 숫자의 육신이 지금 우리에게
익숙한 바로 그 모습이라네.

0 1 2 3 4 5 6 7 8 9

7 **칠**석날이 되면 하늘에는 오작교가 놓이네. 견우와 직녀의
그리움이 이 다리에서 만나네. 닿지 못했던 곳으로 가는 길
이 열리네. 우리도 한곳에서 다른 곳으로 가는 다리를 얻었네. 수천
년의 시간이 쌓여 탄생한 이 지독한 단순함의 아라비아 숫자는 닿고
싶은 모든 곳에 닿을 수 있는 다리가 되었네. 이제 우리는 가장 단순
한 것으로 가장 복잡한 것도 표현할 수 있는 힘을 얻었네.

8 **팔**딱거리며 살아 있는 숫자들의 노래가 들리네. 생명의 팔
딱거림, 수의 팔딱거림이라네. 9개의 숫자들과 빈자리에 찍
는 점으로 이루어진 노래의 다채로운 음률이 우주로 퍼져 나가네.

9 구구한 나의 노래에서 아직 말하지 않은 것이 있네. 굳이 이름 붙이지 않아 빈자리에 찍는 점이었던 노래. 없음을 통해 있음을 나타낼 수 있는 노래, 9개의 숫자들이 자유롭게 존재하기 위한 부재의 노래, 0의 노래라네.

순간 아라비안 나이트의 모든 조명이 켜졌다. 환하게 밝아진 방의 벽에는 아라비아 숫자 조명들이 세 벽면을 따라 놓여 있었다. 1, 2, 3의 벽과 4, 5, 6의 벽, 7, 8, 9의 벽. 어디에도 0은 없었다. 조명에서 흘러나온 숫자들의 노래를 들으니 처음에는 빈자리에 찍는 점이었던 것이 0인 모양인데 지금 이 방의 빈자리는 내가 서 있는 중앙뿐이고, 그 빈자리에는 내가 있을 뿐이었다.

문득 외로웠다. 혹시 내가 0인가. 설마, 그럴 리가. 나는 여기 이렇게 존재하는데, 있는 듯 없는 듯 눈에 안 띄는 존재일지는 모르지만 그래도 여기 이렇게 있는데, 나는 숫자가 아닌데. 이대로 수학 마을에서 숫자 0이 되어 내가 원래 있던 곳에서 사라지게 되는 걸까, 나는 이 문을 열지 말았어야 하나.

조금쯤 두려운 마음으로 내가 들어온 문을 보았다. 다행이다. 인도와 아리비아 문양이 새겨져 있던 문의 안쪽에 숫자 0이 선명하게 새겨져 있었다.

0 영원을 나타내는 수를 생각해 본 적이 있는가. 그 큰 수를 어떻게 표현할 수 있을까. '빈자리'를 나타내던 '없음'의 숫

자가 이 일을 이루어 냈네. 지금의 당신에게는 9 다음에 10이 오는 것, 99 다음에 100이 오는 것은 너무나 당연한 일이 되었네. 하지만 생각해 보게나. 당신이 0을 몰랐다면, 최초에 9 다음에 오는 더 큰 수를 어떻게 표현했을지. 수가 커질수록 당신은 거기에 대응하는 새로운 숫자들만 계속 만들어 냈을지도 모를 일이지. 이 모든 복잡한 수의 표현을 단지 9개의 숫자들과 하나의 0만으로 나타낼 수 있게 되었다는 것은 기적 같은 일이라네. 9 다음에 새로운 숫자를 만들 필요 없이 이미 있는 숫자와 0이라는 기호가 만나기만 하면 되는 정제된 단순함 말일세.

여기 외로운 1이 있네. 2를 만나지만 자기보다 작은 수라며 2는 1을 돌아보지 않네. 다음은 말하지 않아도 알겠지. 3을 만나고 4를 만나도 마찬가지였네. 마지막으로 9를 만났을 때 9는 이미 너무 큰 수여서 다가가기도 힘들었네. 외로운 1은 더 외로워졌네. 공허함에 물들었네.

'9보다 더 큰 수를 만날 수 있을까? 그 수는 나를 받아들여 줄까? 내 마음의 빈자리를 채워 줄 수 있을까?'

그때 0이 다가오네.

"내가 네 옆에 있으면 너는 더 큰 수가 될 거야. 나는 '없음'이고 '존재하지 않음'이지만 너의 빈자리에 내가 들어간다면 너는 더 이상 외롭지 않을 거야. '없음'인 내가 있음으로 해서 너는 더 크게 존재하게 될 거야."

말을 마친 0이 1 옆에 섰지. '10'이 된 그들은 다른 모든 수보다 컸네.

1은 더 이상 외롭지 않았지. '10'이 된 그들 앞에 다른 숫자들도 모여 들었네.

빈자리였던 0은 그렇게 다시 시작점이 되었고 '없음'을 통해 영원히 큰 수를 향해 나아갈 수 있게 만들어 주었지. 0의 발견은 기적이요, 숫자의 혁명이라네. '너무나 간단해 보여서 그 개념의 중요성과 의미는 더 이상 진가를 인정받지 못한다'라고 수학자 라플라스Pierre Simon Laplace 가 말했었네. 진정 그 진가를 아는 사람의 말일세. 그렇지 않나?

아주아주 큰 수와 아주아주 작은 수

나는 그렇다고 고개를 끄덕이며 아라비안 나이트 방을 나왔다. 0으로 충만해진 느낌에 외로움도 두려움도 어디론가 사라져 버렸다. 이곳은 더 이상 소독약 냄새가 나는 병원이 아니었다. 아주 오래전부터 꿈틀거리며 퍼져 온 생명의 냄새가 '수'에 배어들어 있는 장소였다. 2층과 3층은 어떤 곳인지 다시 안내서를 펼쳤다.

·· 이상하고 규칙적인 수학 마을로 가는 안내서 3

중앙 병원 2층과 3층
- 자연수 외의 나머지 숫자들이 탄생하는 전문 병동

중앙 병원 산부인과 2층에는 '자연분만과'와 '인공분만과'가 있다. 앞서 1층의 '수 개념의 탄생' 병동에서 영겁의 시간 속에 탄생한 수의 개념과 숫자들을 봤을 것이다. 2층에서는 가장 보편적인 기호인 아라비아 숫자들이 그 단순함 속에서 무한대로 변주되는 탄생 과정을 만날 수 있다.

자연분만과에서 태어나고 있는 신생아들은 '자연수'라고 불린다. 양 1마리, 늑대 2마리, 돌멩이 3개⋯⋯. 이렇게 자연에 자연스럽게 존재한다고 하여 붙여진 이름이다. 자연분만과 최초의 신생아는 1이다. 1이 탄생한 이후 2, 3, 4, 5⋯⋯ 이렇게 끝도 없이 계속 생명들이 태어나고 있다. 인공분만과에서 태어난 신생아들은 '정수', '유리수', '무리수' 등 다양하게 불린다. '−1'이라든지 $\frac{1}{3}$, '$\sqrt{2}$', '파이(π)' 이런 아이들은 다 여기에서 태어났다. 당신이 여행을 계속한다면 '마이너스의 손', '호루스의 눈' 동상, 디저트 카페 '라이프 오브 파이' 등에서 이들이 성장하여 어떻게 생활하고 있는지를 엿볼 수 있을 것이다.

중앙 병원 2층 초입에는 2층 병동의 특징을 한마디로 보여 주는 현판이 걸려 있다.

　신은 자연수를 인간은 그 나머지 수를 창조했다.

　　　　　　　　　　　　　　　　　　－ 레오폴드 크로네커Leopold Kronecker

2층에서 태어나는 무수한 수들은 다 무한 변주된 아라비아 숫자를 기호 삼아 퍼져 나가고 있다. 그중 어떤 수들은 불교의 영향을 받은 색다른 이름과 일화를 가지고 있다고 한다. 이는 부록에서 확인할 수 있다.

3층 병동에는 태어난 숫자들이 살아가면서 이런저런 문제에 부딪혔을 때 전문적으로 진료하기 위한 내과, 외과, 피부과, 정형외과, 정신과 등이 위치해 있다. 여기에서 완치된 사례는 일목요연하게 정리되어 앞서 말한 지하 1층 자료 보관실 '해결의 왼쪽'에 보관된다.

'미해결의 오른쪽'에 있는 사례들은 지금도 3층 병동 각 전문의들이 활발하게 연구하는 중이다. 한 전문의의 미해결 사례는 다음 전문의가 이어 가고, 그 역시 해결하지 못할 경우 약간의 실마리를 얹어 다음 전문의에게 넘어간다. 처음부터 완성된 집은 없는 법이다. 하나하나 벽돌을 모아 얹어 가면 언젠가는 집이 완성될 것이다. 우리 마을에 처음 온 초보 여행객이라면 3층 병동은 나중에 다시 방문할 것을 권한다.

다른 곳도 둘러봐야 하므로 나는 일단 안내서를 따르기로 했다. 우선은 부록을 마저 읽고 다음에 갈 장소를 정해야겠다.

세상에 이런 수數가!

- 단어가 된 숫자들

"10^{64}한 일이 일어났다. 이 일이 어떻게 시작되었는지는 10^{-13}했다. 내 앞에는 10^{-20}밖에 없었다. 10^{-21}했던 이곳의 공기가 달라지고 있었다. 마스크를 꺼내려는 10^{-18}에, 나는 무언가와 눈이 마주쳤다. 10^{-16}간에 일어난 일이지만 나에게는 **영겁**처럼 느껴졌다."

위의 문장들은 무슨 뜻일까. 사실 우리 수학 마을에서는 이런 문장들을 유머로 즐기는 편이기는 하다. 하지만 초보 여행객을 위해 더 낯익은 문장으로 바꾸면 이해가 쉬워질 것이다.

"불가사의한 일이 일어났다. 이 일이 어떻게 시작되었는지는 모호했다. 내 앞에는 허공밖에 없었다. 청정했던 이곳의 공기가 달라지고 있었다. 마스크를 꺼내려는 찰나에, 나는 무언가와 눈이 마주쳤다. 순식간에 일어난 일이지만 나에게는 **영겁**처럼 느껴졌다."

수의 단위를 생각해 보자. 어릴 때 우리는 0이 하나씩 붙을 때마다 일 (1), 십(10), 백(100), 천(1000), 만(10000), 억(100000000) 이렇게 헤아린다고 배웠다. 사실 우리가 볼펜을 억 개나 셀 일은 거의 없다. 하지만 실생활에서 헤아릴 일이 없다고 헤아리지 말란 법이 있나. 봉황도 용도 다 만날 일 없는 상상의 동물들이지만 만들어 냈는데 말이다. '억' 다음에는 뭐지, 하고 물으면 엄마는 '조兆(1000000000000)'라고 하셨을 거다. 그럼 조 다음에는 뭐냐고 하면 아마 '경京(10000000000000000)'이라고 하셨을 거다. 그럼 그다음에는, 또 그다음에는……. 이렇게 끝도 없이 큰 수를 생각하고 그리워했을 것이다. 아주아주 큰 수를 만나고 싶었을 것이다. 뒤에 무수한 0이 붙는 아주아주 큰 수. 아주아주 큰 수가 있다면 아주아주 작은 수까지도. 이 중에는 불교의 영향을 받은 재미있는 단위들이 있다. 이제는 수가 아닌 '단어'로 느껴지는 단위들 말이다.

사람의 생각으로는 미루어 헤아릴 수 없는, 상상할 수조차 없는 것을 이야기할 때 우리는 '불가사의不可思議'라고 한다. 이 불가사의가 바로 10^{64}이다. 0을 64개 쓴 숫자인데 이걸 쓰다 보면 정말 내가 왜 이러고 있는지 불가사의할 것이다. 그래도 어디 한번 써 보자.

'10000000000000000000000000000000000000000000000000000000000000000'

큰 수의 단위에는 다른 것들도 있다. 인도 갠지스 강의 모래알을 헤아릴 수 있을까. '항하사恒河沙'는 이 갠지스 강의 모래알만큼 많다는 의미의 수의 단위로 10^{52}이다. 감히 헤아릴 수 없을 만큼 큰 수라는 뜻의 '무량대수無量大數'는 10^{68}을 말한다. 굳이 0을 68개 써 보지는 않겠다, 이번에는.

아주아주 작은 수의 단위들도 있다. 말이나 태도가 흐릿하고 분명하지 않을 때 우리는 '모호하다'라고 말한다. 이 '모호模糊'는 10^{-13}으로 0.0000000000001을 나타낸다. 정말 모호하다. '허공虛空' 역시 익숙한 말이다. 텅 빈 공중. 자, '텅 비었다'라는 이 수는 10^{-20}이다. '맑고 깨끗하다'라는 의미로 우리가 자주 쓰는 '청정淸淨'은 10^{-21}이다. '텅 빈 공중'보다 더 작아지면 아무것도 없는 맑고 깨끗한 상태가 된다고 생각한 걸까. 매우 짧은 시간을 이야기할 때 쓰는 '찰나刹那'는 10^{-18}, 눈 한 번 깜빡할 정도로 짧은 시간을 순식간이라고들 하는데 이때 '순식瞬息'은 10^{-16}이다.

익숙한 단어들에도 수가 숨어 있다. 그러나 이 단어들을 수로 표현한다고 해서 갑자기 측량이 가능해지는 것은 아니다. 실생활에서 유용한 단위가 아니기 때문이다. 익숙한 범위를 넘어서는 숫자들이다. 누군가의 재산이 100억이라면 와, 많다 하겠지만 누군가의 재산이 '1000 00000000000000000000000000000000000000000000000000000000 0000'이라고 하면 아, 불가사의해지고 만다. 하지만 이런 아주아주 큰 수와 아주아주 작은 수의 단위들은 우리의 경계를 넓혀 준다. 눈에 보이지 않는 것들도 꿈꾸게 만든다.

꿈꾸는 김에 '영겁'의 시간에 얽힌 이야기를 하나 더 들려주고자 한다. 불교에서 말하는 '겁劫'이라는 시간은 하늘과 땅이 한 번 개벽한 때부터 다음 개벽할 때까지를 말한다. 겁나 긴 시간, 우리는 죽었다 깨어나도 볼 수 없는 시간이다.

어딘가에 가로, 세로, 높이가 약 15킬로미터인 철로 된 오래된 성이 하나 있다. 이 성에는 사람이 살지 않는다. 성을 가득 채우고 있는 것은 참깨보다 작은 겨자씨뿐이다. 이 겨자씨로 가득한 성에 100년에 한 번씩 누군가 찾아온다. 세상의 끝에서 왔을지도 모르는 그는 이 성에서 겨자씨 한 알을 가지고 돌아간다. 다시 100년 뒤 그가 온다. 다시 겨자씨 한 알을 가져간다. 그는 생각한다. '성을 채운 겨자씨가 모두 사라지는 때는 언제일까?'

어딘가에 둘레가 약 15킬로미터나 되는 거대한 바위가 하나 있다. 세상의 끝에서 누군가가 100년에 한 번씩 이 바위를 찾아온다. 그리고 흰 천을 꺼내 바위를 닦고는 돌아간다. 다시 100년 뒤 그가 온다. 다시 흰 천으로 바위를 닦고는 돌아간다. 그는 생각한다. '이렇게 해서 바위가 다 닳아 없어지는 때는 언제일까?'

'겁'의 시간이다. 이 겁의 시간이 영원히 계속되는, 시작도 끝도 없는 시간이 바로 '영겁永劫'이다.

쾨니히스베르크 다리 건너기

부록까지 다 읽고 중앙 병원을 나오니 배도 고프고 다리도 아팠다. 마침 광장 근처 가게에서 커피와 도넛을 팔고 있었다. 커피와 도넛이라, 최고의 궁합이다. '커피 앤 도넛'이라는 광고도 있잖은가, 왜.

앙증맞은 손잡이가 달린 하얀 컵에 담긴 커피와 마찬가지로 앙증맞은 동그란 접시에 놓인 도넛이 나왔다. 커피와 도넛을 먹으며 주변을 둘러보았다. 수학 마을 도서관에 도착하자마자 바로 중앙 병원을 보고 나온 터라 수학 마을 풍경을 제대로 보지 못했는데 광장 벤치에 앉아 숨 돌리고 있자니 비로소 풍경이 눈에 들어왔다. 그나저나 이제 어디로 가지?

쾨니히스베르크의 다리

– 가장 효율적인 여행 경로 찾기

중앙 병원이 있는 중앙 광장 주위로는 강이 휘돌아 나가고 있다. 타지에서 오는 여행객들은 대부분 도서관을 통해 수학 마을로 들어오게 된다. 내부와 외부를 연결하는 뫼비우스의 띠를 출입구로 사용하는 수학 마을 도서관 말이다. 낯선 곳에 대한 약간의 두려움을 안은 채 처음 돌아보는 곳이 바로 도서관에서 직선 코스로 이어지는 중앙 광장의 중앙 병원이다. 중앙 병원 관광을 마치고 다시 중앙 광장으로 나오면 비로소 마을의 풍경이 눈에 들어온다. 중앙 광장을 휘감고 있는 푸른 강과 그 위에 놓인 7개의 다리가 만드는 풍경은 소박하지만 아름답다. 당신은 이 7개의 다리를 거쳐 우리 마을의 4개 지역을 도보로 여행할 수 있다. 우리는 이 다리를 '쾨니히스베르크의 다리'라고 부른다.

쾨니히스베르크Königsberg는 독일의 유명한 철학자 칸트가 평생 살았다는 도시의 이름이다. 아니, 이름이었다. 제2차 세계 대전 이후 소비에트 연방에 양도되면서 옛 소련의 정치인 칼리닌의 이름을 따 이제는 '칼리닌그라드Kaliningrad'라고 불린다. '칼리닌의 도시'라는 뜻이다. 하지만 우리는 '왕의 산'이라는 뜻의 쾨니히스베르크를 더 좋아한다.

무엇보다 쾨니히스베르크가 쾨니히스베르크였던 시절, 쾨니히스베르크의 다리를 보며 재미있는 문제에 빠져들었던 수학자 오일러Leonhard Euler 씨를 추모하는 마음 때문이다.

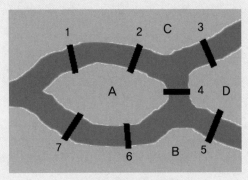

쾨니히스베르크의 다리

광장에 서서 잠시 풍경을 감상한 후 다시 에너지를 얻은 당신은 이제 '어떤 경로로 돌아다니지?'라는 문제에 부딪힐 것이다. 이 7개의 다리를 어떻게 건너야 가장 짧은 경로로 마을을 두루두루 볼 수 있을까? 아마도 모든 여행객들이 같은 심정일 것이다. 일정이 촉박한 여행객이라면 더더욱. 인지상정이라고 예전에 누군가도 이 다리 앞에서 같은 질문을 했을지 모른다.

"흠, 다리가 모두 7개야. 모든 다리를 딱 한 번씩만 건너서 출발한 자리로 돌아올 수 있을까?"

"그래, 내 말이! 그 경로를 알면 좋겠어."

뭐 이런 식으로.

누군가는 한가해서 실제로 다리란 다리는 모두 돌아다녀 봤을지도 모르겠다. A지역에서 1번 다리를 건너 C지역으로 간 다음에 다시 2번 다리를 건너 A지역으로 돌아와서 이번에는 6번 다리를 건너 B지역으로 가고…… 하지만 모든 다리를 한 번씩만 건너서 다시 시작점으로 돌아오는 경로를 알아내기란 쉽지 않았다. 쾨니히스베르크의 다리 건너기는 오랫동안 풀리지 않는 문제였다.

이 문제를 앉아서 해결한 사람이 바로 오일러 씨였다. 앉아서 해결했다고 말한 이유는 수학자인 오일러 씨가 실제로 다리를 건너지 않고 도식화하여 해결했기 때문이다. 4개의 지역을 연결하는 7개의 다리. 오일러 씨는 4개의 지역을 점으로 찍고 다리를 선으로 연결하여 쾨니히스베르크의 다리를 추상적 형태로 도식화했다. 바로 이렇게 말이다.

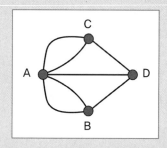

다리 모양이나 길이, 지역의 넓이는 다를지 모르지만 지역과 다리가 어떻게 연결되었는지만 보면 그 형태는 같다. 문제는 다리를 한 번씩만 지나 다시 출발점으로 돌아오는 방법을 찾는 것이지 어느 지역이 더 넓은지, 어느 다리가 더 긴지 하는 것들이 아니니까 말이다. 이른바 '연결 상태가 같은 도형'의 탄생이다. 연결 상태가 같은 도형이란 자르거나 붙이지 않고 늘리거나 구부려서 같은 모양을 만들 수 있는 도형을 말한다.

자, 다시 오일러 씨가 도식화시킨 쾨니히스베르크의 다리를 보자. 어쩐지 그리운 느낌이 드는 그림이다. 유년기를 생각나게 하지 않는가.

한 번도 연필을 떼지 않고 종이에 뭔가를 그리며 놀았던 일. 혹시 당신도 '한붓그리기'를 하며 놀았던 시절이 있는지 모르겠다. 여기 도형이 하나 있다. 어느 한 지점에 연필을 댄다. 연필을 한 번도 떼지 않고, 한 번 지나온 선은 다시 지나가지 않으면서 도형을 완성하는 것이 바로 한붓그리기이다. 이제 쾨니히스베르크의 다리 건너기는 한붓그리기 문제가 된 셈이다. 오일러 씨는 열심히 한붓그리기를 했다.

몇 번이고 한붓그리기를 한 결과, 오일러 씨는 쾨니히스베르크의 다리 건너기 문제뿐만 아니라 다른 모든 한붓그리기에도 일반적으로 적용할 수 있는 방법을 찾아냈다. 어떤 경우에 한 번도 떼지 않고 출발점에서 시작해 다시 출발점으로 돌아올 수 있는지를 발견한 것이다. 당신에게 간단히 그 비법을 알려 주겠다.

우선 한 점에 몇 개의 선이 뻗어 있는지가 중요하다. 한 점에서 홀수 개의 선이 뻗어 있는 경우를 '홀수점'이라 부르고, 짝수 개의 선이 뻗어 있는 경우를 '짝수점'이라고 불러 보자. 한붓그리기는 '모든 점이 짝수점'이거나 '홀수점이 2개'인 경우에만 가능하다. 그럼 이제 쾨니히스베르크의 다리로 다시 돌아가서 4개의 점이 짝수점인지 홀수점인지 세어 보자. 당신이 숫자를 잘 셌다면 답은 이미 나왔다. 그렇다. 이 다리는 온통 홀수점뿐이다. 짝수점이 없다. 그러니까 같은 다리를 두 번 건너지 않고 모든 다리를 한 번씩만 건너서 제자리로 돌아올 수는 없다는 얘기다. 실망하지 않기를 바란다. 그렇다는 사실을 알게 된 것만으로도 대단하다.

오일러 씨의 발견 이후 우리는 새로운 문제들에 대해서도 생각하기 시작했다. 쾨니히스베르크의 다리를 산책하는 것도 좋지만 가끔은 해외여행도 가고 싶고, 이런저런 일들로 여기저기를 돌아다녀야 하니 말이다. 그중 해밀턴William Hamilton 씨는 정십이면체의 꼭짓점 12개에 런던, 파리 같은 도시의 이름을 붙여 놓고 한 도시에서 출발해 다른 도시를 모두 돌아본 다음에 다시 출발한 곳으로 돌아오려면 어떤 경로를 택해야 할지 고민했었다. 세일즈맨들과 우편집배원들도 고민에 빠졌다. 세일즈맨이나 우편집배원들은 한곳에서 출발해 모든 곳을 돌아 다시 처음 장소로 돌아오는 가장 짧은 거리를 찾아야 효율적으로 일할 수 있기 때문이다.

어쨌든 이제 쾨니히스베르크의 다리를 어떤 방법으로 걸어 다닐까 고민하던 당신에게 길이 열렸다. 모든 다리를 한 번만 건너서 다시 중앙 광장으로 올 수는 없으니 그 방법을 제외한 모든 방법이 열려 있는 셈이다. 자유롭지 않은가. 그저 당신이 보고 싶은 곳 먼저, 발길 닿는 곳 먼저 둘러봐도 좋다. 여행의 여유를 누리면서 말이다.

우리 마을은 도보로 여행하기에 최적화되어 있지만 걷다가 지치면 마을버스나 지하철을 타고 돌아다닐 수도 있다(그렇다! 우리 마을에도 버스가 있고 지하철이 있다). 마을버스와 지하철은 모두 중앙 광장 역에서 출발한다. 여행객들은 손목에 찬 뫼비우스의 띠만 제시하면 무료로 이용할 수 있다. 마을버스와 지하철 노선도는 중앙 광장 역 매표소에서 얻을 수 있다.

사실 노선도를 만드는 데에도 오일러 씨의 공이 컸다. 버스와 지하철 노선도는 역들의 순서와 환승역 같은 정보가 중요하므로 역과 역 사이의 거리나 거리의 모양을 그대로 옮길 필요는 없었다. 그래서 우리는 오일러 씨가 쾨니히스베르크 다리를 점과 선의 도형으로 도식화한 것처럼 노선도 역시 점과 선으로 도식화하여 간단하게 표현할 수 있게 되었다. 이른바 '연결 상태가 같은 도형'의 활용 사례인 셈이다.

우리 마을의 재미있는 특징 중 하나가 여기에 있다. 우리 마을에서는 보이는 것을 보이는 대로 보지 않는 습관이 있다. 같아 보이는 것도 다르게 보이고, 달라 보이는 것도 같게 보인다. 탁구공과 농구공은 크기는 다르지만 모두 하나의 '구球'라는 점에서 같다. 당신에게도 그러하리라 믿는다. 그런데 우리 마을에서는 숟가락과 컵받침도 같다. 손잡이가 달린 컵과 도넛도 같다. 그렇지만 도넛과 숟가락은 다르다. 무슨 궤변인지 의아할 수도 있겠다. '연결 상태가 같은 도형'을 생각하면 이해가 될까.

찰흙 만들기를 생각하면 더 이해가 빠를지도 모르겠다. 여기 말랑말랑하고 이상한 찰흙 덩어리가 2개 있다. 하나는 공 모양의 찰흙 덩어리이고, 다른 하나는 도넛 모양의 찰흙 덩어리이다. 하나는 구멍이 없고 하나는 구멍이 있으므로 이 2개의 찰흙 덩어리는 서로 다르다. 이 중 공 모양 찰흙 덩어리를 눌러서 둥그렇게 만들면 접시를 만들 수 있다. 다시 찰흙을 주물주물하면 숟가락도 만들 수 있다. 하지만 구멍을 뚫지 않는 한 도넛은 만들 수 없다. 이번에는 도넛 모양의 찰흙을 주물주물해 보자. 손잡이가 달린 컵을 만들 수 있다. 어쨌든 도넛과 손잡이 달린 컵은 구멍이 하나인 형태니까 말이다.

눈에 보이는 대로만 보면 접시와 숟가락은 그 모양이 다르다. 서로 다른 사물이다. 하지만 눈에 보이는 것을 걷어 내고 다른 시각에서 보면 이 둘은 구멍이 하나도 뚫리지 않은 '연결 상태가 같은 도형'이다. 결국 가장 단순화시켜 보면 둘 다 '공'이다. 같다. 도넛과 손잡이가 달린 컵도 마찬가지이다. 구멍이 하나 뚫린 '연결 상태가 같은 도형'인 것이다.

당신도 이런 식으로 보기 시작하면 다르다고 생각했던 많은 사물들이 같아 보일지도 모른다. 수학자 푸앵카레Jules Henri Poincare 씨는 우리 마을의 이런 특징을 이렇게 표현하기도 했다.

수학은 다른 사물에 같은 이름을 붙이는 기술이다.

자, 지금 여유가 된다면 잠시 앉아 주변 사물들을 다시 보기를 권한다. 익숙하게 보아 왔던 것들. 다르다고 생각했던 것들을 고정관념에서 벗어나 말랑말랑하게 보는 것이다. 그런 다음 쾨니히스베르크의 다리를 건너 여행을 시작해 보자. 아직 당신이 가 보지 않은 곳이 많다.

안내서를 읽다가 고분고분하게 잠시 주변 사물들을 바라보았다. 내 오른손에는 손잡이가 달린 컵이, 왼손에는 도넛이 들려 있다. 흠, 아무리 봐도 같아 보이지는 않는다.

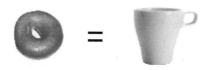

　여기 구멍이 뚫린 도넛이 있다. 손잡이가 있는 컵이 있다. 이 두 녀석은 연결 상태가 같다. 그렇다고 당장 이 둘이 같아 보이기에는 나는 아직 일반인이다. 구멍 있는 도넛과 손잡이가 있는 컵이 같아 보이는 수학 마을이 마냥 신기하기만 하다. 내 머릿속에는 그저 '맛있겠다'라는 생각만 떠오른다. 그리고 정말 맛있었다. 〈식신로드〉는 아니지만 맛집은 기억해 두어야 한다. 가게 이름을 알아 두려고 간판을 봤다. '컵 이콜 도넛'. (이콜equal은 수학 기호 '='를 의미한다.)

　이런, 이런 이름이었구나. 어쩌면 나중에는 도넛을 시키면 컵을 줄지도 모르겠다. 컵과 도넛은 같으니까. 접시를 사러 가면 숟가락을 주고, 농구공을 사러 가면 주사위를 주고. 아아.

PART
2

구봉구는 어쩌다
수학 마을을
좋아하게 되었나

– 어쩌다 이런 일이!
– 여기저기 돌아다니니까 그렇지요.
– 이게 잘된 일일까요?
– 나쁜 일일 건 없잖아요.

그래, 살다 보면 이런 순간들도 온다.

14개의 손가락, 14분의 침묵

중앙 광장 역에서 출발하는 마을버스를 타려고 매표소로 갔다. 무뚝뚝해 보이는 매표소 직원이 주먹을 쥐고 무료한 듯 앉아 있다. 막 버스 한 대가 출발하고 있었다. 예의 바르게 웃으며 인사부터 하기로 했다. 가는 말이 고와야 오는 말이 곱고, 웃는 얼굴에 침 못 뱉는다고 배웠다.

"안녕하세요."

"안녕합니다."

가는 말이 안 고왔나.

"마을버스 타려고 하는데 노선도 있나요?"

"있습니다."

뭐지, 이 단답형.

"주시겠어요?"

"드리겠습니다."

노선도를 내미는 매표소 직원의 손이 어딘지 어색하다. 손가락이…… 많다. 14개의 손가락이 노선도를 준다. 깜짝 놀라 나도 모르게 툭 튀어나온 '외계인인가?' 하는 혼잣말이 확성기처럼 퍼지고 말았다. 들었음이 틀림없다. 아, 가는 말이 고와야 하는데.

"밖에서 들어온 당신이 외계인이겠지요."

"죄송합니다. 놀라서 저도 모르게 그런 말이 튀어나왔네요."

민망함에 에둘러 다음 버스가 언제 도착하는지 물었더니 양손을 들어 14개의 손가락을 쫙 펼쳐 보인다.

"14분 후에 출발합니다. 언제나 14분 후에. 오늘도, 내일도, 모레도."

단답형만 써야 하는데 생각보다 긴 문장으로 대답했기 때문인지 이 말을 끝으로 묵묵부답이다. 침묵으로 1분이 지났다. 매표소 직원이 손가락 하나를 접는다. 다시 1분이 지났다. 손가락 하나를 또 접는다. 그렇게 열네 번째 손가락만 남았을 때 마을버스가 도착했다. 매표소 직원이 마지막 손가락을 접는다.

"보십시오. 정확히 14분입니다."

내가 탄 마을버스가 출발한다. 버스 창밖으로 매표소 직원이 다시 14개의 손가락을 쫙 편다.

마을버스 운전사는 서글서글해 보이는 인상에 무엇보다 손가락이…… 10개다. 14개의 손가락이 자꾸 아른거려 운전사 아저씨의 좋아 보이는 인상에 의지해 매표소 직원에 대해 물었다.

"아, 저 친구는 '14분의 침묵'이야. 그게 이름이지. 어릴 때부터 자기 손가락을 가만히 보는 걸 좋아했어. 1분마다 하나씩 그렇게 14분 동안 말없이 있는 걸 말이야. 그래서 '14분의 침묵'이 된 거지, 인생도. 매표소 근무 시간은 7시간인데 14분의 침묵을 30번 되풀이할 수 있는 시간이지. 버스 배차 시간이 14분이거든. 14개의 손가락으로 그렇게 14분을 침묵으로 헤아리고 있다네. 또래 친구들은 대부분 열 손가락이어서 다들 10개를 한 단위로 무언가를 헤아리며 놀았지만 저 친구는 늘 4개가 더 남아 있었어. 결국 자기 손가락 14개로 오롯이 헤아릴 수 있는 걸 찾기 시작했지. 14개를 한 단위로 셀 수 있는 일. 그래서 14분마다 버스가 출발하는 걸 지켜볼 수 있는 매표소 직원이 된 걸세. 진법 도장에서도 오로지 14진법만 공부했다고 들었네."

마침 버스는 진법 도장에 도착했다.

··· 이상하고 규칙적인 수학 마을로 가는 안내서 5

진법 도장
- 사물을 다양한 방법의 수로 헤아리는 힘

마을에는 합기도라든지 쿵푸, 태권도를 배우는 도장이 있지만 어린아이들에게 단연 인기 있는 곳은 진법을 배우는 도장이다. 진법은 수를 표기하는 방법으로 몇 개의 수를 이용하느냐에 따라 다른 방법으로 표현할 수 있다. 가장 일반적으로 실생활에서 사용되고 있는 것은 0에서 9까지 10개의 수로 표기하는 10진법이다. 하지만 진법 도장에서는 10진법 이외에 여러 종류의 진법을 배울 수 있다. 어릴 때부터 다양한 진법을 익혀 사물을 다양한 단위의 수로 헤아리는 힘을 기르게 하는 것이 수련 목적이기 때문이다.

진법 도장은 진법 대사가 처음 창건했다. 진법 대사는 어릴 때부터 수력數力이 출중하여 태어나자마자 2진법을 구사했으며, 백일이 채 안되어 5진법과 10진법을 마스터했으니 1을 들으면 10을 알았다고 전해진다. 그는 이후 진법 연마에 힘써 사물을 다양한 진법으로 헤아리기를 즐겼다. 남들이 10진법을 쓸 때 19진법을 써서 그들을 당혹하게 만들었다는 일화로도 유명하다.

그렇다고 이런 기행을 즐긴 것은 아니다. 그는 사물을 수로 묶을 때 그것에 가장 적절한 묶음을 만들어 주기 위해 다양한 진법 연구를 게을리하지 않았다. 고대 메소포타미아에 등장하여 바빌로니아인들에게 60진법을 전수했다거나, 고대 로마에 가서 5진법을 전수하고, 마야에 가서는 20진법을 전파해 마야 문명의 기초를 다졌다는 설도 전해 내려온다. 이렇게 진법 수련을 하던 대사는 어느 날 열반에 들어 더 이상 육신이 아닌 수數로 화하여 진법이 필요한 곳이면 어디든지 나타났다고 한다.

현재 우리 마을의 진법 도장은 진법 대사의 정신을 이어받아 다양한 진법 연마를 할 수 있는 기초 체력의 장을 마련하고 있다. 처음 이곳에 배우러 온 아이들은 적성 검사를 치르게 된다. 사부님의 "무슨 진법을 배우고 싶니?"라는 질문에 대답만 하면 된다. 이 질문에 대부분의 아이들은 열 손가락을 쫙 펴며 "10진법이요"라고 말한다. 대부분 사람의 손가락이 10개라 어릴 때부터 친숙하다고 해야 하나. 컴퓨터에 관심이 많은 아이들은 2진법을 택하기도 한다. 그런데 간혹 손가락이 10개보다 많거나 적은 아이들의 경우 특정 진법에 관심을 보이기도 한다. 고독한 진법의 세계, 일반적이지 않아서 자신들만 사용하는 진법의 세계에 매력을 느끼는 것이다.

어쨌든 진법 도장에서 배운 기초 진법은 나중에 주변 사물들을 수로 묶어 헤아릴 수 있는 기초 체력을 제공한다고 할 수 있으니, 진법 도장을 방문한 여행객들도 아이들의 진법 습득 과정에 함께 참여해 보길 권한다.

가장 기초적인 10진법의 방

진법 도장의 문을 열자마자 아이들의 밝은 노랫소리가 희미하게 들려왔다. 10진법을 배우고 싶어 하는 아이들이 모여 있다는 〈진법 10〉이라는 방이었다. 방 번호 〈진법 10〉 옆에 조그맣게 뫼비우스의 띠 모양이 있어서 내 손목의 띠를 갖다 대니 안내 방송이 나오기 시작했다. 이거 뫼비우스의 띠가 여러모로 쓸모 있다.

"〈진법 10〉 방에서는 10진법을 연마하고 있습니다. 0에서 9까지 10개의 숫자를 가지고 10이 되면 한 묶음으로 처리하는 법을 익히는 겁니다. 그 이상의 수 기호는 필요 없습니다. 10이 되어 한 묶음이 되면 이 자리에서 11, 12, 13, 14……. 다시 시작하는 거죠. 한 단위 큰 자릿수가 되어서 말입니다. 기본적으로 다른 진법도 같은 이론에서 출발합니다. 2진법은 0과 1이라는 2개의 숫자만 있으면 되고, 5진법은 0, 1, 2, 3, 4라는 5개만 사용하지요. 몇 개의 숫자를 이용하는지에 따라 진법의 이름이 붙습니다. 10진법은 일상생활에서 가장 흔히 사용되기 때문에 〈진법 10〉 방이 도장에서 가장 인기가 많습니다.

방에 처음 온 어린아이들은 기초 10진법 동요를 부르며 즐거워하지요. 아직 어린아이들이기 때문에 수업 시간은 10진법에 기초해 10분 공부하고 1분 쉬는 방식을 취하고 있습니다. 이 아이들이 책을 읽을 나이가 되면 《그리고 아무도 없었다And Then There Were None》라는 아가사 크리스티Agatha Christie의 추리 소설을 즐겨 읽습니다. 10명의 사람들이 하나씩 없어지는 내용이지요. 종교가 있는 아이들은 간혹 십계명에 자극을 받아 자신들만의 십계명을 만들어 개인 수련을 이어 가기도 합니다."

안내 방송이 끝나자 아이들의 노랫소리가 또렷하게 들렸다. 나도 어릴 때 불렀던 동요인데, 이 노래가 기초 10진법 동요라는 건 오늘 처음 알았다.

한 꼬마, 두 꼬마, 세 꼬마 인디언.
네 꼬마, 다섯 꼬마, 여섯 꼬마 인디언.
일곱 꼬마, 여덟 꼬마, 아홉 꼬마 인디언.
열 꼬마 인디언 보이.

숫자 2개로 표현하는 2진법의 방

<진법 10> 옆에는 <진법 2>라는 방이 있다. 분명 2진법을 연마하는 곳일 거다. 수학 시간에 2진법을 배우기는 했지만 나에게는 도통 쓸 일이 없는 진법. 컴퓨터가 2진법을 기반으로 한다는 사실이 마냥 놀라울 뿐이었다.

"2진법을 연마하는 <진법 2> 방입니다. 0과 1로 모든 수를 표현하지요. 10진법이 일반적이다 보니 다른 진법에는 괄호 안에 조그맣게 해당 진법을 의미하는 숫자를 표기해 주고 있습니다. 10진법에서는 9 다음에 자릿수가 올라가지요? 예전에 자릿수가 올라갈 때 빈자리에 찍었던 점, 0 덕분에 9 다음에 오는 큰 수는 자릿수가 하나 올라가고 그 앞에 처음의 1이 다시 붙는 거지요. 10이 되는 겁니다. 2진법은 0과 1, 이렇게 2개의 숫자만 이용합니다. 그러니 1 다음에 2가 오는 게 아니라 자릿수가 올라가 다시 시작하게 됩니다. 10진법처럼 똑같이 해 보세요. 1 다음에 자릿수가 올라가니까 0을 적어 주고 0 앞에 처음의 1을 붙이면 10이 되는 겁니다. 그런데 이렇게 쓰면 10진법과 혼동이 올

수 있지 않습니까? 그래서 $10_{(2)}$이라고 표기하고 있습니다. 그럼 1, 10 다음에는 뭐가 올까요? 당연히 3은 아닐 테고. 네, 11이지요. 그다음엔 다시 자릿수가 올라가 100이 되겠지요. 10진법의 수와 헷갈리지 않도록 $11_{(2)}$, $100_{(2)}$으로 표기하면 될 테고요. 2진법의 수는 1, 10, 11, 100, 101, 110, 111, 1000 이런 순서로 늘어납니다. 익숙해지면 괜찮지만 처음이시라면 머릿속이 아주 복잡할지도 모르겠습니다.

2진법은 사용하는 숫자가 2개뿐이라 큰 수를 나타내려면 자릿수가 어마어마하게 길어지는 경향이 있습니다. 이런 탓에 일상생활에서 많이 쓰이지는 않지만 아시다시피 컴퓨터라면 얘기가 달라지지요. 정보를 0과 1로만 표현할 수 있으니까 그 조합이 간단합니다. 전기가 통하면 1, 통하지 않으면 0. 정보를 처리하기 위해 딱 2가지 상태만 있으면 가능하다는 겁니다.

'공주 찾기'라는 게임을 한번 해 볼까요? 여기 '공주'라는 정보를 알려 주는 판독기가 2개 있다고 상상해 보십시오. 하나는 모두 10개의 불이 들어오는 판독기인데 이 중 딱 7개의 불이 들어온 경우가 공주라는 뜻이라고 생각해 보죠. 6개나 8개의 불이 켜질 경우는 왕자거나 신하이고요, 뭐 여하튼 공주는 아닙니다. 그런데 이 판독기에 이상이 생겼는지 신호가 희미해서 불이 몇 개가 들어왔는지 알아보기 어렵게 되었습니다. 이런, 어쩌지요? 6개면 왕자고, 8개면 신하인데 도무지 구분이 잘 되지 않습니다. 도대체 몇 개가 켜진 거야, 혼란스럽지요. 하지만 2진법 판독기라면 어떨까요? 이 판독기는 불이 들어오거나 꺼지거나 2가지 경우뿐입니다. 불이 들어오면 공주, 꺼지면 공주가 아닌 거지요. 불이 희미할 수도 있고 깜박거릴 수도 있지만 상관없습니다. 켜지면 공주, 꺼지면 공주 아님. 둘 중 하나니까요. 뭐 단순하게 말씀 드리기는 했습니다만 이런 이유로 컴퓨터에서는 2진법이 유용합니다.

이렇게 말씀드리니 2진법이 어려워 보일 수도 있겠지만 사실 우리 주위에서도 손쉽게 2진법을 찾아볼 수 있습니다. 남자와 여자라든지, 해와 달이라든지, 음양 사상이라든지 뭐 이런 것들이지요. 그래서 〈진법 2〉 방에서는 아이들에게 기초 2진법 동화인 《해와 달이 된 오누이》 를 들려주어 2진법에 익숙해질 수 있도록 도와준답니다.”

아니나 다를까 〈진법 2〉 방에서는 사범님이 아이들에게 동화를 들려주고 있었다. 듣다 보니 이거 《해와 달이 된 오누이》가 아니라 '2진법이 된 오누이'다.

“……호랑이가 나무 위로 도망친 오누이를 쫓아왔어요. '오누이'는 남매지요. 겁에 질린 오누이는 하늘에 소원을 빌었어요. '우리 남매가 불쌍해 살려 주시려면 새 동아줄을 주시고, 아니면 썩은 동아줄을 주세요.' 새 동아줄과 썩은 동아줄. 둘 중 하나. 다행히 오누이는 새 동아줄을 타고 하늘로 올라갈 수 있었답니다. 하늘로 올라간 뒤 오빠는 달이 되고, 여동생은 해가 되었다고 해요. 해와 달, 둘 중 하나.”

'간지'를 아는 12진법의 방

기초 10진법 동요를 듣고 기초 2진법 동화를 들었으니 이 제 또 무슨 기초 진법 교재가 있나 궁금해지던 참에 어디 선가 '걸리버'라는 이름이 들려오고 있었다. 걸리버라면 《걸리버 여행 기Gulliver's Travels》의 그 걸리버?

　"〈진법 12〉 방입니다. 지금은 《걸리버 여행기》를 배우고 있습니다. 마침 걸리버가 '릴리풋'이라는 소인국에 간 장면을 배우고 있네요. 걸 리버는 소인국 사람들보다 12배 크다고 합니다. 이제 감이 오시지요? 바로 12진법의 세계입니다. 10진법의 세계라면 10배 크다거나 100 배 크다고 했을 테지요. 소인국 왕이 자신보다 12배나 큰 걸리버에게 제공한 식사량은 1728인분인데 이것도 마찬가지로 12진법의 세계라 고 할 수 있습니다. 뭐 몸집이 크다고 많이 먹는 건 아니지만 소인국 왕은 12배 큰 걸리버의 몸집을 부피 계산 공식인 '가로×세로×높이' 로 생각하고는 12×12×12로 계산한 모양입니다. 12를 세 번 곱하면 1728이라는 숫자가 나오지요. 12진법은 또 어디에서 찾아볼 수 있을까요?"

속으로 어딘가에는 있겠지 이죽거리면서도 12개로 이루어진 세상은 과연 어디에 있을까 생각해 보았다. 질문을 받았으니 답을 줘야지, 뭐. 에, 우선 〈진법 12〉 방이 있고, 《걸리버 여행기》가 있고. 아, 배운 것 이상은 모르는 나의 한계에 부딪혔다.

"연필 한 다스는 12자루, 1년은 12개월. 이것도 12진법의 세계지요."

아, 안내 방송을 들어 버렸다. 연필 한 다스 12자루, 1년은 12개월. 12로 이루어진 세상. 12, 12 하고 계속해서 12를 뇌까리니 드디어 나도 하나 떠오른다. 12개의 띠를 나타내는 그것, 자子, 축丑, 인寅, 묘卯, 진辰, 사巳, 오午, 미未, 신申, 유酉, 술戌, 해亥의 12지十二支! 한문 시간에 10간 12지를 배운 게 이렇게 기쁠 수가! 나는 '간지'를 아는 녀석인 거다. 어쩌면 10간 12지는 10진법과 12진법일 수도. 10간 12지는 바로 이거다.

10간	갑甲	을乙	병丙	정丁	무戊	기己	경庚	신辛	임壬	계癸	
12지	자子	축丑	인寅	묘卯	진辰	사巳	오午	미未	신申	유酉	술戌	해亥

한문 시간에 10간과 12지가 결합하는 방식도 배웠다. '갑자', '을축'……. 이렇게 10간과 12지가 일대일로 결합하면 끝에 12지 중 '술'과 '해' 2개가 남는다. 그럼 다시 10간의 처음으로 돌아가 '갑술', '을해' 뭐 이런 식으로 결합한다. 이렇게 해서 처음 시작한 '갑자'로 다시 돌

아오는 데에는 얼마나 걸릴까. 일일이 다 그 조합을 써서 헤아릴 수도 있지만 수학적인 방법으로 10과 12의 최소공배수를 구하면 된다고도 배웠다. 10의 배수와 12의 배수 중 공통인 배수, 그중 가장 작은 것이 최소공배수다. 10과 12의 최소공배수는 60이다.

'갑자甲子'로 시작해 60번의 조합이 이루어지면 다시 처음 시작한 '갑자甲子'로 돌아온다. 처음의 '갑자'로 돌아오는 것을 '환갑' 또는 '회갑'이라고 한다. 어른들이 하는 환갑잔치가 바로 60갑자를 다 돌고 다시 처음으로 돌아온 그 해를 기념하는 거라고도 배웠다. 갑자년에 태어난 사람은 60년이 지나면 다시 갑자년을 맞이하고, 을축년에 태어난 사람은 60년이 지나면 다시 을축년을 맞이한다. 신선의 음식인 복숭아를 훔쳐 먹고 오래 살았다는 장수의 대명사 '삼천갑자 동방삭'의 나이도 이제는 계산할 수 있다. 60갑자를 3000번 맞이했다는 뜻이니까 $3000 \times 60 = 180000$인 거다. 18만 년, 오래 살기는 했다. 환갑이든 삼천 갑자이든 어쨌든 모두 60으로 이루어진 인생이다.

진법 도장에서 진법 설명만 들어서인지 이 60갑자도 예사롭지 않다. 짐작하겠지만 아마 이것은 60진법이 아닐까. 내 발길은 자연스레 〈진법 60〉 방을 찾아가고 있었다.

시간을 측정하는 60진법의 방

"고대 바빌로니아인들은 60진법을 사용했다고 알려져 있습니다. 0부터 59까지 60개의 숫자로 표기하는 방법이 바로 60진법입니다. 그들이 사용한 쐐기 문자를 살펴보면 59까지의 숫자 표기가 있고 60 이상의 수는 위치기수법으로 표현하고 있습니다.

중앙 병원 '얼굴의 복도'에서 그 유명한 〈쐐기를 박다〉 초상화를 보셨으면 아시겠지만 1부터 9까지의 숫자들은 못을 닮은 모양의 '𒁹' 기호를 써서 하나씩 그 개수를 늘려 가면서 표현했지요. 10이 되면 '𒌋' 기호를 썼고, 11부터 59까지는 이 두 가지 기호의 조합으로 숫자를 표현했습니다. 이렇게 말입니다. 화면으로 보시지요."

1	11	21	31	41	51
2	12	22	32	42	52
3	13	23	33	43	53
4	14	24	34	44	54
5	15	25	35	45	55
6	16	26	36	46	56
7	17	27	37	47	57
8	18	28	38	48	58
9	19	29	39	49	59
10	20	30	40	50	

"60진법이니 60 이상의 숫자는 다시 자릿수가 올라가 이 기호들이 반복됩니다. 그런데 문제는 0처럼 비어 있음을 나타내는 기호가 존재하지 않았다는 겁니다. 그러니 숫자 표기가 애매한 경우가 생겼지요. 예를 들어 '2'는 못 2개지요? 빈자리 없이 나란히 붙어 있는 형태로 말입니다. 그런데 61도 못 2개로 표현합니다. 다만 이번에는 자릿수가 올라갔으니 중간에 빈자리가 생깁니다. '▼ ▼' 이렇게 말이지요. 오른쪽의 못은 '1'이고 왼쪽의 못은 자릿수가 하나 올라가 60에 해당합니다. 띄어쓰기가 명확하지 않으면 2인지 61인지 헷갈릴 수밖에요. 0을 가진 10진법을 쓰는 지금에야 '101'이라고 쓸 수 있지만 만일 0이 없다고 생각해 보십시오. 그리고 그 자리를 띄었다고 보면 '1 1'이 되는데 이게 '11'인지 '101'인지 헷갈릴 수 있겠지요? (고대 바빌로니아에서도 시간이 흐른 뒤에는 비어 있음을 나타내는 기호가 쓰였다고 합니다만.)

뭐 이런 문제가 있기는 했지만 바빌로니아인들의 60진법은 실제 생활에 아주 유용했다고 합니다. 고대 문명에서 농업은 아주 중요하지요. 농업은 시간과 날씨와도 관련이 깊고 말입니다. 하늘의 변화를 아는 일은 꼭 필요했을 겁니다. 천문학에 능했던 바빌로니아 사람들은 태양의 그림자 길이 관측 등을 통해 1년이 대략 360일이라는 사실을 알아내고, 태양의 모습인 원도 360도라고 생각했습니다. 원을 그 원의 반지름으로 나누면 약 6등분이 된다는 사실도 알았지요.

이를 표기하는 데 60진법이 유용했습니다. 60은 나누어떨어지는 약수도 많습니다. 1, 2, 3, 4, 5, 6, 10, 12, 15, 20, 30, 60. 약수가 많다는 건 계산하기 편리하다는 장점도 있지요. 60을 가지고 10개로도 나눌 수 있고, 5개로도 나눌 수 있고, 20개로도 나눌 수 있으니 말입니다. 1분이 50초라면 3등분하기는 힘들지만 60초라면 아주 쉽지 않습니까? 1분은 60초, 1시간은 60분. 이게 다 바빌로니아의 60진법에서 탄생했습니다.

프랑스 혁명 이후 프랑스 정부에서는 일주일은 10일, 하루 10시간, 1시간은 100분, 1분은 100초 등으로 정한 달력을 채택했으나 결국 정착하지 못했다고 합니다. 시간의 흐름에서는 60진법을 넘어서지 못한 것이지요."

〈진법 60〉 방에서는 아이들이 시계 앞에서 초침이 똑딱거리며 1분을 향해 가는 것을 말없이 바라보고 있었다. 똑딱, 1초. 똑딱, 2초……똑딱, 59초. 그리고 다시 똑딱, 하는 순간 처음의 시작점으로 돌아가는 시계. 60이 되는 순간 다시 시작하는 시계. 그렇게 지나간 60초의

1분. 문득 이 세상이 이루어진 방식이 예사롭지 않다. 당연했던 것들이 당연하지 않다.

60초의 침묵을 보고 있자니 손가락이 14개인 매표소 직원이 생각났다. 여기 어디에 그가 공부했다는 〈진법 14〉 방도 있을 것이다. 10진법과 2진법, 12진법, 그리고 60진법을 연마하는 방이 있는 복도에는 열 꼬마 인디언 노래가, 해와 달이 된 오누이 이야기가, 걸리버가 먹었다는 1728인분의 식사 이야기가 흘러나오고, 시계는 계속 똑딱거리는데, 복도 끝 구석진 곳에 조용한 방들이 몇 개 보였다.

"아이들이 선호하는 곳은 아닙니다만 이곳에는 자기만의 세상을 바라보는 방식에 따라 그리 일반적이지 않은 진법을 배우고자 하는 사람들을 위한 방들도 있습니다. 고독하지만 독특하지요. 당신도 이곳에서 당신만의 진법을 찾게 될지도 모릅니다."

나는 10진법에 익숙하게 살아왔고, 60진법의 흐름으로 시간을 보내왔지만, 나를 위한 진법이 있다면 아마 〈진법 9〉 방이 어울릴지도 모르겠다. 내 이름은 구봉구니까. 봉구는 9에서 새로 시작하는 거다. 0, 1, 2, 3, 4, 5, 6, 7, 8 그리고 10진법의 세계에서 9가 올 자리에 9진수 $10_{(9)}$이 되어서. 뭐 그다지 인기는 없겠지만 그런 대로 존재할 수 있는.

순간 무언가가 반짝거렸다. '내 생각인가?' 했지만, 반짝이는 것은 내 생각이 아니라 진법 도장 창문으로 들어오는 황금빛이었다. 저 밖에 뭐가 있는 거지? 황금?

브라만 탑
- 64개의 원반을 옮기는 2가지 규칙

진법 도장에서 도보로 5분 거리에 브라만 탑이 있다. 다이아몬드 기둥에 64개의 황금 원반을 끼워 놓은 탑으로 태양이 하늘의 중앙에 떠오르면 찬란한 황금빛이 주변으로 퍼져 나가 장관을 이룬다. 이 브라만 탑은 인도 바라나시에 있는 드루가 사원의 전설을 바탕으로 우리 마을에서 재현한 탑이다. '하노이 탑'이라고도 불리는 이 탑에는 세상의 종말에 대한 전설이 전해 내려온다.

옛날 이 사원에는 약 50센티미터 되는 3개의 다이아몬드 기둥이 있었다. 기둥 중 하나에는 64개의 황금 원반이 큰 원반부터 점점 작은 원반의 순서로 끼워져 있다. 사제들은 이 원반을 다른 기둥으로 옮기는 일을 하면서 수행에 정진해야 했다. 어느 날 신이 말했다.

"이 64개의 황금 원반을 모두 다른 기둥으로 옮기는 날 세상의 종말이 올 것이다."

사제들이 말했다.

"신이시여. 저희가 하는 이 일이 결국 세상의 종말로 향한다는 말씀이십니까? 어찌하여 저희에게 이런 과업을 내리시는 겁니까?"

신이 말했다.

"어딘가로 향하는 일, 그것이 너희의 일이로다. 그것이 종말일지라도."

사제들이 말했다.

"그럼 저희가 그 일을 천천히 하면 세상의 종말을 늦출 수 있나이까?"

신이 말했다.

"만일 이 황금 원반을 다른 기둥으로 옮기는 일에 의심을 품거나 회의가 들어 일부러 게을리한다면 세상의 종말은 더 빨리 올 것이다."

사제들이 말했다.

"신이시여. 그럼 저희가 하루에 1개씩 64개의 원반을 다른 기둥으로 옮긴다고 해도 64일이면 끝이지 않습니까? 게을리하면 안 된다고 하시니 1분에 하나씩 옮긴다고 해도 64분이면 세상의 종말이 온다는 것 아닙니까? 너무 가혹하십니다."

신이 말했다.

"하나의 기둥에 꽂혀 있는 64개의 황금 원반을 다른 기둥으로 옮기는 일에 왜 3개의 기둥을 주었다고 생각하느냐? 옮기되 그냥 옮기는 것이 아니다. 여기에는 규칙이 있으니, 너희는 원반을 옮기되, 항상 큰 원반 위에 작은 원반이 올라오도록 해야 한다. 작은 원반 위에 큰 원반이 올라오는 일은 없어야 하느니라. 또한 한 번에 하나의 원반만 옮겨야 한다. 지금 64개의 황금 원반이 크기 순서대로 꽂혀 있는 기둥이 보일 것이다. 너희가 다른 기둥으로 64개의 원반을 모두 옮겼을 때의 모습도 이와 같을지니 지금 이 모습의 세상이 그대로 다른 세상으로 옮겨지는 형상이로다."

사제들은 신의 말씀대로 원반을 옮기기 시작했다.

여러분에게 묻고 싶다. 세상의 종말은 왔을까? 64개의 황금 원반이 크기대로 다른 기둥으로 모두 옮겨지는 때는 언제일까? 이 궁금증은 우리 수학 마을의 호기심을 자극했다. 그리하여 우리는 3개의 다이아몬드 기둥과 64개의 황금 원반을 지닌 브라만 탑을 세워 원반을 옮기고 있다. 가끔 탑 앞을 지나가는 여행객들도 한몫 거들기는 하지만 64개의 원반을 큰 원반에서 작은 원반의 순서로 옮기는 일은 아직도 계속되고 있다. 그러나 언제 다 옮길 수 있는지 수학적 계산은 끝났다. 수학적 계산은 끝났음에도 불구하고 우리는 이 과업을 이어 가고 있다. 거대한 수에 대한 우리의 경외심 때문이다. 당신도 브라만 탑을 지날 때 하나의 원반을 옮겨 수에 대한 경외심을 표현해 보길 바란다.

세상의 종말까지 남은 시간, 18446744073709551615초

good Idea 황금빛으로 반짝이는 것은 브라만 탑이었다. 사제처럼 보이는 사람들이 황금 원반을 옮기고 있었다. 안내서에 의하면 저 원반을 모두 옮기는 날 세상의 종말이 온다고 했는데, 도대체 그게 언제일까? '여행객을 위한 브라만 탑 원반 옮기기 체험관'이 있어서 그리로 갔다.

레벨1은 하나의 원반을 옮기는 단계이다. 기둥A에는 1~64의 번호가 붙은 황금 원반이 꽂혀 있고, 옆으로 나란히 기둥B와 기둥C가 있었다. 주의 사항은 2가지뿐이다. 한 번에 하나의 원반만 옮길 것, 언제나 큰 원반 위에 작은 원반이 올라와야 한다는 것. 나는 훌륭히 해냈다. 그저 64개의 원반이 꽂혀 있는 기둥A에서 맨 위의 가장 작은 원반 하나를 집어 맨 오른쪽에 있는 기둥C에 꽂으면 끝이었다. 한 번만 움직이면 된다.

레벨2는 원반 2개를 옮기는 단계이다. 이제 나머지 기둥도 이용할 수밖에 없다. 작은 것 위에 큰 것이 올라오면 안 되니까. 현재 가장 작은 원반은 기둥C에 놓여 있다. 한 번. 이제 기둥A에 있는 다음 크기의 작은 원반을 기둥B로 옮긴다. 두 번. 그런 다음 기둥C에 있던 가장 작은 원반을 다시 빼서 기둥B로 옮기면 원반 크기대로 2개를 옮길 수 있다. 세 번. 세 번만 움직이면 된다. 훗, 이쯤이야.

레벨3은 3개의 원반을 옮겨야 한다. 살짝 어려워졌다. 현재 세 번을 움직여 기둥B에 2개의 원반을 옮겨 놓은 상태이다. 이제 네 번째 수를 둘 차례. 기둥A에서 다음 크기의 원반을 꺼내 비어 있는 기둥C에 꽂았다. 가장 큰 원반이 기둥C에 있는 셈이다. 기둥B에 꽂힌 2개의 원반 중 위에 있는 가장 작은 원반을 꺼내 원래의 기둥A로 옮겼다. 다섯 번. 기둥B에 있던 나머지 원반을 기둥C에 꽂았다. 여섯 번. 그리고 기둥A로 옮겼던 가장 작은 원반을 꺼내 기둥C에 꽂았다. 일곱 번. 이리저리 궁리 끝에 일곱 번 움직여 미션 클리어!

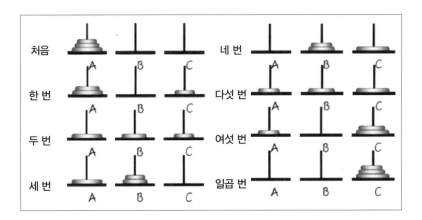

레벨4로 가야 하는데 슬슬 머리에 한계가 온다. 이번엔 몇 번을 움직여야 원반 4개를 다른 기둥으로 옮길 수 있을까? 레벨64까지 간 사람이 과연 있을까?

그때 '여행객을 위한 브라만 탑 원반 옮기기 체험관' 관장이 슬며시 다가왔다.

"레벨3까지 가셨군요. 레벨4는 도전하지 않으십니까? 원반 4개면 모두 열다섯 번만 옮기면 되는데요. 여기는 체험관이지만 밖에서 보셨듯이 실제로 사제들은 지금도 원반을 옮기고 있습니다. 64개의 원반을요. 도대체 몇 번을 옮겨야 다 옮길 수 있는지 아십니까? 그때 세상의 종말이 온다는데 말입니다. 생각 없이 옮기기만 하면 아무런 규칙을 찾지 못하겠지만 여기에는 일정한 규칙이 숨어 있습니다. 원반 하나 옮기는 데 한 번, 2개 옮기는 데는 세 번, 3개 옮기는 데는 일곱 번, 4개를 옮기면 열다섯 번. 어때요, 뭔가 규칙이 보이시나요?"

그딴 거 보일 리 없잖아. 1, 3, 7, 15……. 홀수인가? 빠진 홀수가 너무 많은데. 다시 보자. 1에서 3은 2만큼 커진 거고, 3에서 7은 4만큼 커진 거고, 7에서 15는 8만큼 커진 거고. 그러니까 2, 4, 8씩 늘어난 거네. 혹시 2의 거듭제곱과 관련이 있나? 뭔가 보이는 듯하다. 그런데 정리가 잘 안 된다.

"거의 다 오셨습니다. 1, 3, 7, 15……. 여기에는 규칙이 숨어 있습니다. 옮겨야 하는 원반 개수만큼의 2를 곱한 다음에 1을 빼면 옮겨야 하는 횟수가 나옵니다. 원반 2개를 옮기려면 $2 \times 2 - 1 = 3$, 원반 3개의 경우에는 $2 \times 2 \times 2 - 1 = 7$, 원반 4개는 $2 \times 2 \times 2 \times 2 - 1 = 15$. 이제 이 규칙을 간단히 식으로 표현해 드리겠습니다. 옮겨야 하는 원반의 개수를 n이라고 칩시다. 그러면 옮겨야 하는 횟수는 $2^n - 1$이라고 정리할 수 있지요. 이렇게 말입니다."

$$원반\ 1개를\ 옮기는\ 횟수\ 2^1-1=1$$
$$원반\ 2개를\ 옮기는\ 횟수\ 2^2-1=3$$
$$원반\ 3개를\ 옮기는\ 횟수\ 2^3-1=7$$
$$원반\ 4개를\ 옮기는\ 횟수\ 2^4-1=15$$
$$\vdots$$
$$원반\ n개를\ 옮기는\ 횟수\ 2^n-1$$

"그럼 64개의 원반을 옮기려면 $2^{64}-1$번만큼 원반을 움직이면 된다는 말씀이신가요?"

"네. 그렇습니다. 그걸 다 옮기면 세상의 종말이 온다고 하지요. 그러나 너무 걱정하지 마십시오. $2^{64}-1=18446744073709551615$라는 거대한 수가 나오니까 말입니다. 원반을 1초에 하나씩 옮긴다고 해도 18446744073709551615초가 필요합니다. 읽기도 힘드시죠? 대략 5849억 년이라고 보시면 됩니다. 뭐 이 정도 세월은 지나야 세상의 종말을 맞이한다는 건데, 빅뱅이 일어나도 여러 번 일어날 시간이지요."

레벨3을 완수한 것으로 만족하면서, 세상의 종말은 아주아주아주아주아주 멀었다는 사실에 안도하면서 브라만 탑을 떠났다. 떠나는 내 등 뒤로 황금 원반은 여전히 금빛 찬란하게 빛났고, 사제들은 변함없이 하나씩 하나씩 원반을 옮기고 있었다.

수학 마을의 여섯 아이들

이 마을에서 처음 만나는 아이들이다. 브라만 탑을 나와 18446744073709551615라는 숫자를 생각하며 잠시 쉬고 있는데 동쪽 방향에서 여섯 아이들이 재잘대며 걸어오는 것이 보였다.

수학 마을 아이들은 무슨 이야기를 할까 궁금증이 생겼다. 하지만 처음 보는 아이들에게 다가가 다짜고짜 무슨 이야기를 하고 있는지 묻는 것은 아무래도 무례한 일 같았다. 나, 예의를 아는 사람이다. 혹은 숫기가 없거나. 무엇보다 나는 이 마을에서 이방인이다. 그때 여섯 아이들이 나에게 다가와 말을 걸었다. 이런 붙임성 좋은 아이들 같으니.

"우리 마을에 여행 왔구나. 뫼비우스의 띠를 차고 있는 걸 보니."

"어디에서 왔어?"

"혼자 온 거야?"

"어디어디 봤어?"

"어디어디 볼 거야?"

"그런데 지금 뭐해?"

여섯 아이들이 대답할 틈도 주지 않고 한꺼번에 질문 세례를 퍼부었다. 수학 시간에 말 한번 잘못 했다가 숙제를 하게 되었고, 학교 도서관에서 규칙적으로 증가하는 토끼 씨를 만나 손목에는 뫼비우스의 띠를 차고 뫼비우스의 띠를 통해 수학 마을 도서관에 오게 되었으며, 《이상하고 규칙적인 수학 마을로 가는 안내서》에 의지해 혼자 중앙 병원을 돌아보고, '컵 이콜 도넛'이라는 가게에서 간단히 식사를 한 다음, 14분마다 출발하는 마을버스를 타고 쾨니히스베르크의 다리를 건너 진법 도장과 브라만 탑을 구경했으며, 이제 어디를 가 볼지는 아직 모르겠다고 대답하는 대신 이렇게 말해 버렸다.

"18446744073709551615를 생각하고 있었어." (나는 이 큰 수를 도무지 읽을 수가 없어서 그냥 하나씩 불렀다. 일팔사사 육칠사사 영칠삼칠 영구오오 일육일오, 이렇게.)

아이들은 별로 놀라는 기색도 없이 말했다.

"아, 1844경 6744조 737억 955만 1615를 생각하고 있었구나." (그렇게 읽는 거였니?)

"우리는 수학 마을에 살아." (그래, 그렇겠지. 저 긴 숫자를 읽는 걸 보면.)

"우리는 6명의 친구들이야." (그래, 그렇겠지. 그 정도는 나도 셀 수 있어.)

"너희는 무슨 이야기를 하는 중이었어?" (큰맘 먹고 내가 물었다.)

"아, 오늘 학교에서 새로운 번호를 받았거든. 너희 학교에도 아이들이 번호를 가지고 있니?"

나는 우리 학교에서는 가나다순으로 번호를 받는다고 알려 주었다. 수학 마을 여섯 아이들은 학교에서 매일 새로운 번호를 받는다고 했다. 로또 기계처럼 버튼을 누르면 번호가 새겨진 공이 나오는데, 자기네들은 숫자를 정말 좋아해서 새로 번호를 받을 때마다 그 숫자를 요리조리 뜯어보고 조합해서 숫자에 담긴 의미를 생각한다나 뭐라나.

아이들이 숫자가 새겨진 공을 보여 주면서 말했다.

"나는 오늘 6이야. 대단하지 않아? 완벽해!"

"나는 8. 아, 어딘가 부족해."

"나는 12. 좀 넘치지?"

도무지 무슨 말들인지 알아들을 수가 없었다. 내 어리둥절한 표정을 읽었는지 6이 새겨진 공을 들고 있는 아이가 설명해 주었다.

"6의 약수는 1, 2, 3, 6이잖아. 그런데 1+2+3=6이지. 자기 자신을 제외한 모든 약수의 합이 자기 자신인 수야. 우린 이걸 '완전수'라고 불러. 28도 완전수야. 28의 약수는 1, 2, 4, 7, 14, 28인데 1+2+4+7+14=28이거든. 완전수는 많지 않아. 완전하다는 건 원래 많지 않으니까 말이지.

8을 볼까? 8의 약수는 1, 2, 4, 8. 자기 자신을 제외한 모든 약수의 합은 1+2+4니까 7이잖아. 원래의 자기 자신인 8보다 작은 수가 나와. 자기 자신을 제외한 모든 약수의 합이 자신보다 작은 수를 '부족수'라고 해.

12의 약수는 1, 2, 3, 4, 6, 12. 자기 자신인 12를 빼고 모두 더해 보면 1+2+3+4+6=16이 나와. 원래 수보다 크지? 자기 자신을 제외한 모든 약수, 이걸 '진약수'라고 부르는데 이렇게 이 진약수의 합이 자신보다 큰 수를 '과잉수'라고 해.

우리도 가끔 수와 같은 상태가 될 때가 있어. 뭔가 완전하다고 느낄때도 있고, 뭔가 부족하다고 느낄 때도 있고, 뭔가 넘친다고 느낄 때도 있고. 결국 우리는 수인 셈이야. 때로는 운명 같기도 해. 우리 여섯은 모두 친하기는 하지만 특히 애네 둘은 어릴 때부터 친하게 지낸 절친 사이거든. 그런데 오늘 운명 같은 숫자를 뽑은 거야."

다른 두 아이가 보여 준 숫자는 220과 284였다. 나는 민망하지만 수학 마을 아이가 아니어서 종이와 연필을 들고 약수와 그 합을 계산해 보았다. 자기 자신을 제외한 모든 약수를 더해 보면 뭔가 보이겠지, 왜 운명 같은 숫자인지.

220의 약수의 합: 1+2+4+5+10+11+20+22+44+55+110=284 과잉수?

284의 약수의 합: 1+2+4+71+142=220 부족수?

가만히 보니 220의 약수의 합은 284이고, 284의 약수의 합은 220이다. 각각의 진약수의 합이 자기 자신이 아니라 상대방의 수가 나온다. 그러니까 나는 너, 너는 나? 누구는 넘치고 누구는 부족하지만 함께하면 나는 네가 되고 너는 내가 되는 그런 사이?

"220과 284는 진약수의 합이 상대방의 수가 되는 숫자들이야. 아주 친한 사이인 거지. 그래서 '친화수'라고 해. '우애수'라고도 하고. 1184와 1210, 17296과 18416도 친화수야. 그런데 현재까지 알려진 친화수는 둘 다 짝수이거나 둘 다 홀수인 경우밖에 없대. 아무래도 친구, 우정 하면 동성이 먼저 생각나잖아. 친화수도 둘 다 짝수이거나 둘 다 홀수, 이른바 성性이 같은 거지. 짝수와 홀수로 이루어진 친화수는 아직 못 찾았다고 하더라. 있다면 남자와 여자 사이에 우정은 존재하지 않는다는 속설에 종지부를 찍을 수 있을 텐데. 여하튼 피타고라스 때에는 친구끼리 '우정이여 영원하라' 뭐 그런 의미로 친화수를 하나씩 적어 나눠 가졌대."

"우정 반지 같은 거네. 우리는 친구끼리 우정 반지를 나누기도 하거든. 뭐 대세는 우정 반지보다는 커플링이지만."

"커플링? 커플끼리 끼는 반지 말이지? 우리 수학 마을에서도 그런 게 있기는 하지만 그것보다 더 인기 있는 건 '부부수'야. 1과 자기 자신을 제외한 약수의 합이 상대방의 수와 같아지는 경우에 부부수라고 불러. 48과 75처럼. 140과 195처럼. 1575와 1648처럼. 재미있는 것은 부부수는 짝수와 홀수의 쌍이라는 거지. 연인끼리는 부부수를 나누어 가지거나 커플티에 부부수를 각각 새겨서 입고 다녀."

나는 머리가 늦게 돌아가기 때문에 다시 열심히 약수 계산을 해 보았다. 간단해 보이는 48과 75만 골라서.

48의 약수: 1, 2, 3, 4, 6, 8, 12, 16, 24, 48 → 여기에서 1과 48을
　　　　　제외하고 더하면 2+3+4+6+8+12+16+24=75

75의 약수: 1, 3, 5, 15, 25, 75 → 여기에서 1과 75를
　　　　　제외하고 더하면 3+5+15+25=48

아하, 이거 은근히 재미있다. 수들을 이리저리 쪼개어 보고 더해 보니 새로운 성질들이 생겨난다. 자동차 번호판도 뚫어지게 보면 뭔가 어떤 성질을 가진 수의 세계가 보이지 않을까? 이제 수학 마을 여섯 아이들의 얼굴이 6으로, 8로, 12로, 220과 284로 보일 지경이다. 어, 나머지 한 아이는 도대체 무슨 숫자를 뽑았을까?

"이런, 우리가 새로 받은 숫자 이야기만 하느라 네 이름도 안 물어 봤다."

"구봉구라고 해."

"구봉구? 앞으로 읽어도 구봉구, 뒤로 읽어도 구봉구. 멋진데! 회문 숫자 같아. 오늘 내가 뽑은 숫자가 바로 회문 숫자인데."

나머지 한 아이의 공에 적힌 숫자는 121이었다. 앞으로 읽으나 뒤로 읽으나 같다. 내 이름 '구봉구'는 '봉'을 중심으로 좌우가 대칭을 이루어 앞으로 읽으나 뒤로 읽으나 같은 회문回文인 셈이다. 회문 숫자도 마찬가지겠지.

"회문 숫자는 데칼코마니 같아. 앞으로 읽으나 뒤로 읽으나 같은 수지. 돌고 도는 순환의 냄새가 나서 좋아해. 내가 회문 숫자를 만드는 간단 비법을 알려 줄까? 어떤 수와 그 수를 거꾸로 한 수를 더하면 회문 숫자가 나오는 경우가 많아.

$$23+32=55 \quad 24+42=66 \quad 34+43=77 \quad 47+74=121$$

매번 그런 것은 아니지만 가장 간단한 방법이야. 한 번에 회문 숫자가 안 되면 한 번이고 두 번이고 더 반복해야 해. 57+75=132를 보자. 57과 57을 거꾸로 한 75를 더하면 132가 나오는데 132는 회문 숫자가 아니잖아. 그럼 132로 다시 한 번 더 시도해 보는 거야. 132+231=363. 어때, 이번에는 회문 숫자가 나왔지? 363. 구봉구, 네 이름도 회문 숫자 같아서 마음에 든다. 우리 마을에 온 걸 환영해."

나, 이제야 환영받았다. 그것도 다름 아닌 이름 덕분에.

"회문 숫자는 아니지만 나도 앞으로 읽으나 뒤로 읽으나 같은 회문 하나 들려줄게. 나랑 친구들끼리 하던 말장난인데 시처럼 짜깁기해 봤어. 일요일 밤, 모두 잠든 왕국에서 밝은 달을 보며 꿈꾸는 사람을 노래한 시야. (너무 거창했다.)

국왕과 왕국, 다들 잠들다
다 간다, 이 일요일, 일요일이 다 간다
여보게 저게 보여?
달은 밝은 달
자꾸만 꿈만 꾸자.

뒤로 읽어도 똑같은 회문인데 띄어쓰기는 좀 해야 해."

막상 시라고 들려주고는 이내 얼굴이 화끈거렸다. 아아, 환영받았다고 우쭐한 기분에 그만 도를 넘어섰다. 여섯 아이들이 잠시 머뭇거리다가 차례대로 입을 열었다. 아이들의 얼굴 위로 숫자들이 떠올랐다.

"정말 앞으로 읽어도 뒤로 읽어도 똑같은 내용이네."

121이 말했다. (그래, 회문이기는 해.)

"…… 완벽해."

6이 말했다. (그래, 넌 완전수잖아.)

"부족함이 없구나."

8이 말했다. (그래, 기억나. 넌 부족수였지.)

"오히려 넘치지."

12가 말했다. (그래, 넌 과잉수였어.)

"친구와 같은 꿈을 꿀 것만 같아."

220과 284가 말했다. (그래, 같은 꿈을 꾸는 친구 사이는 멋지지.)

"그런데 우리는 이제 집에 가야 해." (그래, 그러고 싶겠지.)

여섯 아이들이 모두 말했다. 아무래도 이상한 회문 때문에 내 이미지가 마이너스가 된 것 같았다.

"아니, 네 회문 때문에 그러는 건 아니야." (묻지도 않았다.)

"그저 가야 할 때가 되었을 뿐." (가야 할 때가 언제인가를 분명히 알고 가는 이의 뒷모습은 아름답다고 했지.)

"사실 수학 숙제가 있거든." (그래, 핑계 없는 무덤은 없다고들 하지.)

"이름이 구봉구인 너를 만나서 반가웠어." (내 이름만 반가운 건 아니었길 바라.)

"9가 아홉 번이나 들어간 이름을 만나다니. 정말 수학적이야." (회문 숫자적이기도 하고.)

"얘들아, 수학 숙제 감을 잡은 것 같아. 구봉구, 네가 아이디어를 줬어." (내가 언제?)

"그래, 곱셈을 활용해서 규칙적인 숫자 시詩를 써 오는 숙제였지. 구봉구처럼 9가 아홉 번 나오는 시를 쓰면 되겠구나!" (눈에는 눈, 이에는 이, 시에는 시)

"이렇게 하자! 우선 1~9까지의 숫자 중에서 8을 뺀 숫자 12345679에다가 9를 곱한 수를 반복하는 거야. 12345679×9의 반복. 그다음에는 변화를, 규칙적인 변화를 주는 거지."

"그래, 처음에는 12345679×9에 다시 1을 곱한 수를 만들자. 12345679×9×1. 다음 행에는 12345679×9×2. 그다음 행에는 12345679×9×3. 그렇게 차례대로 9까지 곱하면⋯⋯."

"그래! 9가 아홉 번 나오는 숫자로 마무리가 되네."

"그런데 좀 단순해 보이지 않아? 12345679×9에다가 1~9까지의 수를 차례대로 곱하는 건데 살짝 위치를 바꾸는 건 어때? 마지막에 곱하는 숫자가 9가 오는 게 더 규칙적으로 보일 것 같아. 12345679×1×9, 12345679×2×9, 이렇게 말이지."

도무지 무슨 이야기들을 하는 건지 이해할 수가 없었다. 저렇게 하면 도대체 어떤 규칙적인 숫자 시가 나온다는 거지? 여섯 아이들이 신나게 떠드는 동안, 나는 아이들이 말한 대로 계산을 해서 나열해 보았다.

$$12345679 \times 1 \times 9 = 111111111$$
$$12345679 \times 2 \times 9 = 222222222$$

$$12345679 \times 3 \times 9 = 333333333$$
$$12345679 \times 4 \times 9 = 444444444$$
$$12345679 \times 5 \times 9 = 555555555$$
$$12345679 \times 6 \times 9 = 666666666$$
$$12345679 \times 7 \times 9 = 777777777$$
$$12345679 \times 8 \times 9 = 888888888$$
$$12345679 \times 9 \times 9 = 999999999$$

아, 질서정연한 시가 내 눈에도 보인다. 반복과 순차적인 변화 속에 자리 잡은 확고함. 누군가에게는 수가 아름다울 수도 있겠다는 생각이 처음으로 들었다.

"구봉구, 덕분에 오늘 숙제는 빨리할 수 있을 것 같다. 고마워. 그럼 우리는 이만 가 볼게."

"그리고 이 숫자는 우리 마을에 여행 온 기념으로 너에게 줄게."

220과 284가 새겨진 공이었다. 친구를 의미한다는 공도 받았고, 9가 아홉 번이나 들어가는 숫자 시도 내 이름에서 아이디어를 얻었다고 하니 내 이미지가 생각보다 마이너스가 된 것 같지는 않다. 수학 마을 아이들은 올 때처럼 재잘거리며 오던 길을 갔다. 나도 내 갈 길을 가려고 자리에서 일어났다. 동쪽에서 온 아이들은 서쪽으로 사라졌고 나는 아이들이 온 동쪽으로 발걸음을 옮겼다.

아닌가, 역시 마이너스였나. 수학 마을 아이들과 헤어져 동쪽으로 걷고 있을 때였다. 작고 초라한 가게가 나타났는데 마치 내 이미지가 마이너스가 되었다는 결정적 증거처럼 떡하니 '마이너스의 손'이라는 간판을 달고 있었다.

···················· 이상하고 규칙적인 수학 마을로 가는 안내서 7

'마이너스의 손' 잡화점
- 적자 상태에서 발견한 새로운 수

'마이너스의 손'은 잡다한 물건들을 파는 잡화점이다. 지금은 그렇다는 말이다. 약 50년 전 이곳에서는 동물적인 사업 감각을 지닌 한 청년이 자신의 그 특별한 능력으로 나날이 번창하는 사업에 매진하고 있었다. 아라비아에서 신비한 물건들을 들여다가 유럽 상인들에게 파는 일종의 무역업을 하던 청년은 눈부신 사업 감각으로 황금같은 나날을 보내고 있었다. 그때 이곳의 이름은 '미다스의 손'이었다. 만지는 족족 황금으로 변하게 했다는 그리스 신화 속 왕 미다스. 그렇다. 그때 청년은 미다스Midas의 손을 갖고 있었다. 손대는 사업마다 황금을 가져왔다.

청년은 의기양양했다. 원래 못생긴 편은 아니었지만 황금의 후광을 입은 뒤로는 미모 또한 찬란하게 빛나는 듯했다. 오만한 그의 성격은 갈수록 기고만장해졌다. 그러나 황금의 후광은 그마저도 '나쁜 남자'의 매력으로 보이게 만들었다. 마을 처녀들은 청년을 흠모하여 그를 볼 때마다 감탄을 금치 못했다. 저기 봐, 미다스의 손이 지나가. 어쩜 저렇게 늠름할까. 어쩜 저렇게 빛날까.

그렇게 애태우는 처녀들의 탄식 가운데 한 처녀의 깊은 시름이 섞여 있었다. 그리고 이 시름에 비극의 씨앗이 숨어 있었다. 처녀는 보름달이 휘영청 밝은 어느 날 밤, 용기를 내어 청년에게 사랑을 고백했다. 그러나 그 고백은 냉정할 정도로 일언지하에 거절당했다. 거기에 모욕이 얹어졌다. 예를 들면 "싫어, 꺼져" 같은. '싫어'로 거절당하고 '꺼져'로 모욕당한 처녀는 보름달을 가리키며 말했다.

"당신은 지금 저 보름달처럼 완벽하지요. 모난 곳 없이 밝게 빛나고 있어요. 하지만 그 빛으로 어둠을 비추는 것이 아니라 그늘만 만들고 있군요. 오로지 당신만을 밝게 빛나게 하려고 말이지요. 보름달이 늘 보름달인 것은 아니랍니다. 달은 기울기 마련이지요. 잊지 마세요. 보름달 뒤에는 그믐달도 있다는 것을."

그 순간, '싫어'로 상처받고 '꺼져'로 분노한 처녀의 한숨으로 바람은 아무도 알아채지 못하게 방향을 바꾸었다. 그리고 그때부터 달은 아무도 눈치채지 못하게 이지러지기 시작했다.

방향을 바꾼 바람과 이지러지기 시작한 달은 '미다스의 손'의 운명을 바꾸었다. 바람은 물건을 실어 나르던 배를 난파하게 만들었다. 이지러진 달은 바다에서 배들이 방향을 잃게 만들었다. 손대는 족족 황금을 낳았던 청년의 사업은 이제 손대는 족족 망하기 시작했다. 이익은 없고 손실만 입었다. 그리하여 어느 날, 청년에게는 아무것도 남지 않게 되었다. 이익도 없고, 손실도 없는 제로 상태. 그것으로 청년에게 내린 저주는 끝났다고 믿었다. 그러나 손실은 계속되었다. 그리하여 또 어느 날, 청년은 오로지 '빚'만을 재산으로 갖게 되었다. 이제 사람들은 청년을 더 이상 미다스의 손이라고 부르지 않았다. 청년이 운영하던 '미다스의 손'은 사람들 사이에서 언제부턴가 '마이너스의 손'이라 불리고 있었다.

50년의 세월은 청년을 더 이상 청년으로 머무르게 하지 않았다. 이제 노인이 된 그는 지난날을 돌아보았다. 자신의 오만함이 낳은 처녀의 한숨이 긴 세월이 지난 뒤에야 와 닿았다. 가슴이 아팠다. 그는 오만함에 대한 속죄의 마음으로 '미다스의 손'이 있던 자리에 잡화점을 열었다. 그리고 '마이너스의 손'이라는 간판을 달았다.

노인은 자신의 인생을 되돌아보고 또 되돌아보았다. 처음에는 자신의 오만함을 되돌아보고, 처녀의 아픔을 되돌아보고, 자신의 빚을 되돌아보다가 점점 새로운 사실에 눈뜨기 시작했다. 세월이 빚만 남긴 것은 아니었다. 그는 그의 빚에서 빛을 발견했다. 그 빛은 '새로운 수'였다. 이것이 수학 마을에 '마이너스의 손'이 존재하는 이유이기도 하다.

노인이 새로운 수에 대한 사색을 마쳤을 때, 사람들은 드디어 노인이

미쳤다고 생각했다.

"나에게 더 이상 아무것도 남지 않았을 때, 그것이 끝이라고 생각했다. 0의 상태. 그런데 그게 아니었다. 아무것도 없는 0의 상태에서도 빚은 생겨났다. 보이지는 않지만 느껴지는 수가 있었다. 0보다 작은 수가 있었다! 내 이야기를 들어 보라. 무일푼의 상태에서 어떻게든 다시 성공해 보려고 아는 사람에게 돈을 빌렸다. 그냥 100만 원이라고 하자. 나는 그 돈으로 당시 인기 있던 아라비아의 램프를 주문했는데 물건을 가득 실은 배가 풍랑에 가라앉고 말았다.

나는 다시 빈털터리가 되었다. 그런데 나에게 있지도 않은 돈 100만 원은 빚이라는 이름으로 여전히 남아 있었다. 가까스로 100만 원을 갚았을 때, 나는 다시 빈털터리, 0의 상태가 되었다. 내가 갖고 있지도 않았던 그 돈이 0보다도 작은 수가 아니면 뭐란 말인가. 사람들은 이제 나를 마이너스의 손이라고 부르니, 나는 내가 갖고 있지도 않았던 0보다 작은 그 수에게 마이너스(−)라는 부호를 붙여 주고 싶다. 빚으로 가득했던 시절을 보내고 그늘을 알게 해 준 이 수를 '음수陰數'라고도 부르겠다."

"미쳤군, 미쳤어. 0보다 작은 수가 있다니. 사과 3개를 다 먹으면 뭐가 남아? 아무것도 안 남잖아."

"미쳤군, 미쳤어. 0보다 작은 수가 있다니. 아무것도 없는 상태에서 안 보이는 사과 3개를 더 없애려고 해 봤자 여전히 눈앞에 보이는 것은 아무것도 없잖아!"

'마이너스의 손' 잡화점에는 물건을 사러 오는 사람들보다 미친 노인을 구경하러 오는 사람들이 더 많았다. 그들은 노인의 미친 이야기를 들으며 예의상 물건을 샀다. 돈이 없으면 노인은 외상으로 물건을 주었다.

"자네는 지금 0원이군. 그런데 이 물건은 300원이네. 내가 300원만큼의 외상을 주지. 자네는 나에게 내일 다시 300원을 돌려주어야 하네. 이 종이를 주겠네. 자네가 나에게 300원의 빚을 지고 있다는 뜻이고, 나는 300원 손해를 보게 되었다는 뜻일세."

그러고는 빨간 펜으로 −300이라고 적은 종이를 주었다. 노인의 수첩에도 빨간색으로 −300이라고 적어 두었다.

"빨간 숫자네요. 게다가 마이너스 부호가 붙어 있고."

"적자赤子라는 뜻이네."

시간이 흘렀다. 미친 노인을 구경하러 오던 사람들은 서서히 0보다 작은 수를 받아들이기 시작했다. 그리고 음수라는 개념을 인정하기에 이르렀다.

'마이너스의 손' 잡화점은 지금도 잡다한 물건들을 팔고 있다. 여행객들을 위한 기념품도 판매하고 있으니 기념품으로 뭘 사면 좋을지 고민하고 있다면 꼭 한번 방문하기를 추천한다. 노인의 음수 이야기도 듣고 간단한 기념품도 산다면 일석이조가 될 것이다.

사실 잡화점에는 물건을 사러 오는 사람보다 음수 이야기를 듣기 위해 오는 사람이 더 많다. 그리고 이야기를 듣고 나오는 사람들의 손에는 잡다한 물건들이 하나둘 들려 있다. 노인의 인생은 말년에 이르러 흑자를 보고 있다고 해도 과언이 아니다. '마이너스의 손'이 흑자라니 앞뒤가 안 맞는 말 같지만, 마이너스에 마이너스면 플러스(+)가 되는 것 아니겠는가.

음수를 이해하는 몇 가지 방법

 '마이너스의 손' 잡화점은 그야말로 잡화점이었다. 양말, 연필, 지우개, 못, 망치, 슬리퍼, 인형 등등 일관성 없는 물건들로 가득했다. 그 가운데 늙수그레한 노인이 홀로 앉아 있었다.

"청년은 타지 사람 같은데, 여행객이오?"

청년이라니 어색했지만 고개를 끄덕였다.

"그럼, 기념품 같은 걸 사러 온 게로구먼. 기념품이라면 아무래도 열쇠고리나 냉장고에 붙이는 자석 같은 게 좋지."

노인은 온도계가 달린 열쇠고리와 냉장고 모양의 냉장고 자석을 보여 주었다.

"온도계 열쇠고리라네. 내가 직접 제작했지. '마이너스의 손' 자체 제작 제품이란 말이네. 내가 온도계를 좋아하거든. 보게나, 여기 0을 기준으로 위로는 영상의 온도, 아래로는 영하의 온도를 알려 주지. 이때 0은 아무것도 없는 빈자리를 표시하는 수가 아니라 기준점이 된다네. 0을 기준으로 해서 0보다 숫자가 작아지면 마이너스 부호를 붙이고. 음수라고 하는 걸 아나? 안다니 기특하군. 나는 그걸 받아들이기까지 오랜 세월을 보냈다네. 다른 사람들도 이해시키려다 미친놈 취급도 숱하게 당했지.

그런데 보게나, 이제는 이렇게 당당하게 쓰이고 있다네. 이 온도계에는 양수와 음수가 모두 있지 않나. 이 냉장고 모양 냉장고 자석도 마찬가지라네. 여기 냉동칸의 온도를 알려 주는 '−5'가 보이나. 예전에 사람들은 음수를 믿지 않았지만 이제는 냉동칸이 섭씨 5도(℃)라면 난리가 날 걸세. 이렇게 되기까지 쉽지 않았지. 음수의 개념도 그렇지만 음수의 곱셈을 받아들이기는 더 어려웠어."

음수의 곱셈이라면 마이너스 곱하기 마이너스는 플러스가 된다는 그것을 말하는 건가. (−)×(−)=(+). 사실 별로 궁금한 적은 없었다. 마치 착한 어린이는 밤 9시에 자야 한단다, 라고 들어 온 것처럼 그냥 마이너스 곱하기 마이너스의 부호는 플러스란다, 라고 당연하게 받아들였으니까. 그런데 생각해 보니 좀 이상하기는 했다. 음수를 음수로 곱하는데 왜 양수가 되는 거지?

"사실 음수의 개념을 도입한 것은 내가 처음이 아니라네. 한 2000년 전 이미 중국에서는 음수를 알고 있었어. 《구장산술九章算術》이라는 책이 있지. 중국 고대 수학서라네. '산가지'라고 숫자를 계산할 때 쓰던 가느다란 막대기가 있었는데, 빨간색 막대기로는 양수를, 검은색 막대기로는 음수를 표현했지. 동양에는 음양 사상이 있지 않나. 음수의 개념을 받아들이는 데 훨씬 수월했을 거야.

그뿐이 아니라네. 인도에 브라마굽타Brahmagupta라는 수학자가 있었지. 7세기쯤이었을 거야. 브라마굽타는 이런 질문을 던졌어. '작은 숫자에서 큰 숫자를 빼면 무엇이 되는가?' 브라마굽타는 부채와 자산의 개념으로 음수와 양수에 대한 개념의 틀을 잡았다네. 내가 가지고 있는 자산은 양수(+), 내가 갚아야 할 부채는 음수(−)라고 보면 되네. 자네 자산이 200만 원이라고 생각해 보게나. 너무 많다고? 2만 원도 없다고? 뭐 어떤가, 가정일 뿐인데. 그냥 200만 원이라고 하세. 그런데 어쩌다가 400만 원을 손해 봤다고 치세. 그러면 자네는 부채 200만 원이 생기지 않나. 부채가 뭐냐고? 빚 말일세, 빚. 빚 200만 원은 자산 200만 원과는 분명 다른 숫자지. 그때 이 200을 어떻게 표현해야 할까. 그렇지, −200인 거지. 브라마굽타가 마이너스 부호를 사용한 것은 아니지만 말이네.

어쨌든 음수의 개념은 유럽으로도 넘어갔지. 그렇지만 그들은 음수의 개념을 거부했어. 0보다 작다니, 상식적으로 말이 안 되는 숫자라는 거지. 철학자이자 수학자인 파스칼Blaise Pascal도 그랬다네. 그래, '인간은 생각하는 갈대'라고 말한 바로 그 파스칼 말일세. 0에서 4를 없애 봤자 여전히 0이라는 거지. 하지만 데카르트René Descartes가 수직선의 기준점에 0을 표시하고 오른쪽을 양수, 왼쪽을 음수로 표시하면서부터 차츰 유럽에서도 음수를 수로 인정하게 되었다네. 긴 시간이 걸렸지."

나는 음수가 하나의 개념으로 이미 자리 잡은 다음에 수학 시간에 음수를 배웠으니 신기할 것도 당황스러울 것도 없었다. 그냥 그런가 보다 하고 받아들일 수 있었다. 0보다 작은 수가 있는 게 뭐가 신기하고 당황스러울까. 그러나 개념이 없던 시절에 그 개념을 찾아내어 정착시키는 일은 그래, 그런가 보다 하고 당연하게 받아들일 수는 없을 터였다. 지금이야 스마트폰이 전화, 이메일, 동영상, 내비게이션, 인터넷 검색 등 모든 것을 가능하게 하지만 전화라는 개념도 물건도 없던 시절, 누군가가 스마트폰이라는 것을 생각해 보았다고 하면 어떨까? 미친놈 소리를 들었을 게 뻔하다.

"이제 음수의 곱셈 이야기로 넘어 가세나. 이익을 양수(+), 빚을 음수(−)라고 생각하면 음수의 덧셈이나 뺄셈은 크게 어렵지 않다네. 덧셈은 더하는 거니까 들어오는 것과 같지. 빚이 3만큼 있었는데 여기에 빚이 2만큼 더 생겼다면 모두 5가 돼. 이렇게 표현할 수 있지. (−3)+(−2)=(−5). 음수를 더한다는 것은 빚이 늘어난다는 이야기지. 뺄셈을 해 보세. 뺄셈은 빼는 거니까 나간다는 의미라는 걸 기억해 두게. 빚이 2였는데 여기에서 1만큼 나갔다고 하면 어떻게 되겠나. 빚이 1만큼 나가 버렸으니 줄어들어서 이제는 1만 남게 되겠지. (−2)−(−1)=(−1). 빚이 나간다는 것은 그만큼 빚이 줄어든다는 이야기야."

빚 3에 빚 2가 더해졌으니 빚은 5로 늘어난다. (−3)+(−2)=(−5)
빚 2에 빚 1이 나갔으니 빚은 1로 줄어든다. (−2)−(−1)=(−1)

음수의 덧셈과 뺄셈은 크게 어렵지 않다고 했는데 크게 쉽지도 않았다. 자꾸 빚, 빚 하니까 자꾸 머리가 이상해지는 것 같다. 이러니 음수의 곱셈은 더 혼란스럽겠지?

"음수의 곱셈은 사람들을 혼란스럽게 만들었지. 빚을 음수라고 겨우 생각하게 되었는데 이번에는 (음수)×(음수)=(양수)라고 하니까 말일세. 빚에 빚을 더하면 빚이 늘어나는 것은 당연하지. 빚에서 빚을 빼면 빚은 줄어드는 게 당연하고 말이야. 그런데 빚에다가 빚을 곱하면 이익이 된다니, 이게 말이 되겠나. 프랑스 작가 스탕달Stendhal도 그중 한 사람이었지. '1만 프랑의 빚과 500프랑의 빚을 곱하면 어떻게 500만 프랑의 이익이 된다는 말인가?' 그렇게 말하고는 했어. 이렇게 되면 이익과 빚의 개념만으로는 설명이 좀 어려워진다네. 음수가 빚만 지는 건 아니거든. 방향의 반대 방향이라는 개념도 생각할 수 있지. 0을 기준점으로 해서 오른쪽 방향은 양수, 왼쪽 방향은 음수 이렇게 말이지. 이 수직선은 덧셈, 뺄셈에서도 편리하게 이용할 수 있지만 곱셈은 아주 제격이야.

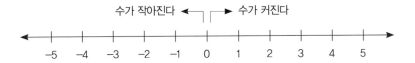

0을 기준으로 오른쪽 방향에 있는 5와 왼쪽 방향에 있는 −5는 기준점 0에서 같은 거리만큼 떨어져 있지만 서로 방향이 다르지. 반대 방향에 놓여 있어. 그러니 이제 음수의 곱셈에서 음수를 '반대 방향'이라는 신호로 읽어 보세. 2×(−2)는 '0을 기준으로 2만큼의 거리를 반대 방향으로 두 번 움직여라'라는 뜻일세. 그럼 −4가 나오겠지. (−2)×(−2)는 '0을 기준으로 −2만큼의 거리를 반대 방향으로 두 번 움직여라'라는 신호일세. −2의 반대 방향이면 오른쪽 방향이고 그러면 4가

나오지 않겠나. 보게나, (음수)×(음수)=(양수)가 되지를 않나. 빚이라고 했다가 반대 방향이라고 했다가 헷갈리겠네만 익숙해지면 음수의 개념처럼 음수의 곱셈도 익숙해질 거야. 사람들이 0보다 작은 수를 받아들인 것처럼 말일세."

나도 그러기를 바라면서 온도계 열쇠고리와 냉장고 모양 냉장고 자석을 만지작거렸다. 그때 한 사람이 가게 문을 열고 들어왔다.

레드 잉크와 사랑스러운 기호들

"어제 외상으로 진 빚 300원을 돌려 드리러 왔습니다."

그는 빨간색으로 '−300'이라고 적힌 종이를 들고 있었다. 노인은 그 종이를 찢으며 말했다.

"이제 적자는 사라졌네. 뭐 더 필요한 게 있나?"

"검은색 잉크를 살 수 있을까요? 적자는 이제 지긋지긋합니다. 검은색 잉크를 쓰면 흑자가 된다고들 해서……."

"그런 말만 믿고 물건 사다가는 다시 적자가 될 걸세. 차라리 내 이야기나 들어 보게나. 그게 오히려 이익일 게야. 그럼 오늘은 적자 이야기를 간단히 해 줌세."

노인의 이야기가 시작되었다.

"내가 빨간색으로 −300이라고 적은 종이를 준 데에는 다 이유가 있네. 지출이 수입보다 많을 때 흔히들 적자라고 하는데 이게 '붉은 글자'라는 뜻이거든. 옛날 유럽의 교회에서는 수입과 지출을 정리하는 장부를 작성할 때 검은색 잉크를 썼다네. 그런데 그 당시에 검은색 잉크는 비쌌어. 그러니 교회의 재정 상태가 나빠지면 검은색 잉크로 장부를 정리하는 대신 동물의 피로 기록할 수밖에 없었지. 그러다 보니 지출이 수입보다 많아지는 상태를 붉은 잉크로 가득하다고 해서 '레드 잉크red ink'라고 부르게 되었지. 적자赤字가 여기에서 유래된 말이라네."

"그럼 '−' 표시는 왜 하시는 겁니까? 빚 아니면 음수라고 써도 되지 않습니까?"

"마이너스 말인가? 음수에 붙이는 부호일세. 훨씬 간단하지 않나. 수학이란 게 그렇다네. 본질을 파악해서 기호로 도식화하는 걸 즐기지. 더하기, 빼기, 곱하기, 나누기 등등을 나타내는 부호들도 다 그렇게 탄생했다네. 추상화시켜서 본질을 가장 간단하게 드러내 보이는 것. 그것이 기호의 힘이고 수학의 힘이지. 자, 수학에 쓰이는 기호들 몇 가지의 유래를 들려줌세."

몇 가지 수학 기호들의 유래

덧셈 기호 '+'는 이탈리아 수학자 피보나치가 '7 et 8'이라고 쓴 데에서 비롯되었다고 하는데, 라틴어로 et는 영어의 and라는 뜻일세. 나중에 et를 흘려 쓰는 과정에서 지금의 '+'와 같은 부호가 되었다지. 이런 식이었을까?

$$et \rightarrow et \rightarrow 大 \rightarrow 大 \rightarrow 大 \rightarrow 七 \rightarrow +$$

지금은 덧셈 기호로 '+'가 일반적이지만 다른 기호도 있었어. 르네상스 시대의 수학자 타르탈리아Niccolo Tartaglia는 이탈리아어로 플러스를 의미하는 'piu'의 머리글자를 덧셈 기호로 썼었지. 이렇게 생긴 기호였다네. '+'보다야 복잡하지만 나름 운치는 있지 않나. 음수를 나타내기도 하고 뺄셈을 나타내기도 하는 기호 '−'는 부족하다는 뜻의 라틴어 '마이너스minus'에서 나왔는데 첫 글자 'm'을 빠르게 쓰는 과정에서 만들어졌다고 하더군. 포도주를 담은 통에서 포도주가 줄어드는 만큼 눈금으로 표시한 데서 비롯되었다고도 하고.

$$m \Rightarrow m \Rightarrow -$$

이것은 디오판토스Diophantos가 즐겨 사용했다는 뺄셈 기호라네. 디오판토스는 대수학의 아버지라고 불리는 고대 그리스 수학자야. '대수학代數學'이란 간단히 말하자면 수 대신 문자를 써서 수학 법칙을 간단명료하게 표현하는 거라네. 방정식처럼 말이지. 이 디오판토스가 최초로 수학에 기호를 도입했지.

어쨌든 우리가 지금 쓰고 있는 '+' 와 '−'는 1489년 독일 수학자 비트만C. Widmann의 책에서 처음 사용되었어. 당시에는 덧셈, 뺄셈의 의미가 아니라 과잉과 부족의 의미로 쓰였다가 나중에 프랑스 수학자 비에트François Viète에 의해 덧셈, 뺄셈의 기호로 대중화되었지.

곱셈 기호 '×'는 영국의 수학자 윌리엄 오트레드William Oughtred가 그의 저서 《수학의 열쇠Clavis Mathematicae》에서 처음 사용했어. 영국 국기의 십자가에서 힌트를 얻었다고도 하고 '성 안드레아의 십자가'에서 아이디어를 얻은 것이라고도 하더군. 성 안드레아Saint André는 X자 모양의 십자가에 못 박혀 순교했다고 전해지지. 그래서 X자 모양의 십자가를 '성 안드레아의 십자가'라고 부르고 있다네. 어쨌든 알파벳 'x'와 혼동이 되어서 처음에는 별로 사용되지 않았지.

이것은 독일의 철학자이자 수학자인 라이프니츠G. W. Leibniz가 사용한 곱셈 기호라네. 라이프니츠는 오트레드가 고안한 곱셈 기호 '×'가 미지수 'x'와 헷갈리기 쉽다고 생각해서 별로 좋아하지 않았다고 해. 사실 헷갈리기는 하지. 그래서 라이프니츠는 이런 곱셈 기호를 사용했다네.

나눗셈 기호 '÷'는 스위스 수학자 란Johann Heinrich Rahn이 처음으로 사용했어. 나눗셈 기호는 분수의 형태에서 나왔다고 하네. 원래 분수 표시가 분자를 분모로 나눈다는 의미이기도 하거든. 분수를 표시하는 가로선에 분자와 분모를 각각 점으로 찍어 추상화시킨 기호 '÷'가 탄생한 거지.

 18세기 프랑스의 갈리마르Gallimard는 영어 대문자 'D'를 뒤집어 놓은 기호를 써서 나눗셈을 표현하기도 했어. 그런데 재미있는 것은 나눗셈 기호 '÷'가 세계 공통으로 쓰이는 것은 아니라는 사실이네. 한국, 미국, 영국, 일본 등에서는 이 나눗셈 기호를 사용하지만 프랑스 등의 다른 나라에서는 이 나눗셈 기호 대신 분수로 나눗셈을 나타내고 있지.

등호 '='는 영국 수학자이자 의사인 로버트 레코드Robert Recorde가 1577년, 그의 책 《지혜의 숫돌The Whetstone of Witte》에서 처음 사용했다네. 레코드는 2개의 평행선을 보고는 생각했지. '이 2개의 평행선의 폭은 항상 똑같구나. 그래, 세상의 어떤 2개도 이보다 더 같을 수는 없어!' 뭐 이렇게 말이지. 그래서 2개의 평행선을 닮은 기호 '='가 같음을 나타내는 등호로 쓰이게 된 거라네. 처음의 형태는 지금 우리가 쓰는 등호보다 옆으로 더 길었다고 하네.

미지수 'x'의 유래도 재미있다네. 수학에서 정해져 있지 않은 수, 그래서 아직 무엇인지 모르는 미지의 수를 표현할 때 왜 'x'라고 표현하는지 아나? 여기에는 데카르트의 공이 크지. '나는 생각한다, 고로 존재한다'라는 말을 남긴 그 데카르트 맞네. 수많은 논문을 남긴 데카르트는 번번이, 일일이, 하나하나 '미지수'라고 쓰는 게 귀찮고 불편하다고 느끼기 시작했어. 아니, 이렇게 매번 쓸 필요가 있을까? 더 간단한 방법이 있지 않을까?

그래서 한 논문에 이렇게 썼다지. '다음 논문에서 미지수는 X, Y, Z로 표기한다.' 왜 유명 연예인의 공항 패션이 뜨면 그 상품은 바로 품절된다고들 하지 않나. 그런 유행과 동경은 다른 분야에서도 마찬가지라서 데카르트가 미지수를 'x'로 표기하자 많은 사람들도 이를 따랐다더군. 그렇게 해서 'x'가 미지수를 나타내게 되었지. 이제는 일상생활에서도 아직 알려지지 않은 미지의 것을 말할 때 미지수 'x'를 쓴다네. 예를 들어 '용의자 X'라고 하면 용의자가 X씨라는 의미가 아니라 아직 누구인지 모른다는 뜻이지.

이런 기호들이 사용되기 시작한 역사는 그리 길지 않아. 한 500년 전부터였을까. 하지만 기호들 덕분에 지금의 우리들은 수식을 훨씬 더 간단히 표현할 수 있지. 복잡한 것을 간단하게 바꿨어도 그 안에 모든 이야기가 다 들어 있지 않나. 게다가 명확하게 말이지.

2에 4를 더한 수는 2에 3을 곱한 수와 같다. ➡ $2+4=2\times3$

어떤 미지수에 4를 곱한 다음 5를 빼면 8과 같아진다. ➡ $4x-5=8$

어떤 미지수에 3을 곱한 다음 여기에서 2를 빼면 그 어떤 미지수에 2를 곱한 다음 5를 더한 것과 같아진다. ➡ $3x-2=2x+5$

어떤가. 참으로 사랑스러운 기호들 아닌가.

이야기를 마친 노인은 나와 적자였던 -300의 남자를 사랑스럽게 쳐다보며 웃었다. 적자였던 -300의 남자가 먼저 말문을 열었다.

"검은색 잉크를 살 필요는 없겠습니다. 저는 빚을 갚으러 왔다가 적자의 유래와 몇 가지 수학 기호들의 유래까지 들었으니 오히려 이익

을 본 셈입니다. 흑자지요. 이런 거 아닐까요? 빚 청산+이야기 들음=
흑자."

그러고는 모든 빚을 훌훌 벗어던진 사람의 경쾌한 발걸음으로 '마이
너스의 손' 잡화점을 떠났다. 나만 남았다.

"저는 우연히 '마이너스의 잡화점'에 들렀습니다. 음수에 대한 이야
기도 들었고, 수학 기호의 유래까지 들었으니 이런 거 아닐까요? 우
연히 들름+음수에 대해 알게 됨+수학 기호의 유래도 들음=(엄청난)
흑자……."

"그 말줄임표는 무슨 의미인가?"

나는 온도계 열쇠고리와 냉장고 모양의 냉장고 자석을 만지작거리
며 말을 이었다.

"수학 마을 기념품으로 이것들을 사고 싶기는 한데 제가 급하게 오
느라 1200원밖에 없어서."

노인이 빙긋 웃으며 말을 받았다.

"온도계 열쇠고리는 1500원, 냉장고 자석도 1500원일세. 자네가 그
것들을 사려면 3000원이 필요하지. 그런데 1200원밖에 없으니 −1800
원이 문제구먼. 하지만 걱정 말게. '마이너스의 손'은 사실 '음수의 개
념'을 거래하는 장소라네. 열쇠고리와 냉장고 자석은 자네와 나의 첫
거래 기념으로 선물로 주겠네. 자네가 음수의 개념을 알게 되었다면
나 역시 흑자라는 이야기일세. 이런 거 아닐까? 내 이야기를 들어 줌
+다른 사람이 음수에 관심을 가짐=흑자."

나는 온도계 열쇠고리와 냉장고 자석을 받아들고는 '마이너스의 손' 잡화점을 나왔다. 떠나는 내 등 뒤로 노인이 마이너스의 손을 흔들고 있었다. 그리고 내 앞으로는 기이한 광경이 펼쳐지고 있었다.

낙타들과 오후의 티타임

여기는 수학 마을이고 사막도 아닌데, 갑자기 낙타 2마리가 나타났다. 나타나기만 했으면 그러려니 하겠는데 이 낙타 2마리가 차를 마시며 담소를 즐기고 있었다. 수학 마을 한복판에서 차를 마시는 낙타들이라니. 지쳐 보이는 기색이 역력한 한 낙타가 나를 흘깃 보더니 말을 걸었다.

"지쳐 보이는 여행객이구먼. 이리 와서 같이 차 한잔하고 가는 게 어떻겠나?"

하여 어쩌다 보니 나는 수학 마을에서 낙타 2마리와 티타임을 즐기게 되었다.

"나는 낙타0이라고 하네. 이 친구는 낙타18이고. 쉬면서 이야기를 나누는 중이었어."

"그래, 낙타0. 어떻게 되었나, 오늘은 성공했어?"

낙타18이 낙타0을 안쓰럽게 바라보며 물었다.

"웬걸, 오늘도 실패했지 뭔가. 도대체 내가 왜 바늘구멍을 지나가야 하는지 그것조차 모른 채 용만 쓰다 왔네. 차라리 부자가 천국에 들어가는 게 더 빠를 거야. 내 주인은 엄청난 갑부지. 그런데 돈만 많지 마음 씀씀이는 옹졸해. 베풀 줄을 몰라. 욕심은 또 얼마나 많은지 죽어서도 부자인 채로 천국에 가고 싶어 해. 그런데 부자가 천국에 가는 것은 낙타가 바늘구멍을 지나가는 것보다 어렵다는 말을 듣고 와서는 나보고 자꾸 바늘구멍을 지나가 보라지 뭔가. 내가 바늘구멍을 지나가면 자기도 천국에 갈 수 있다고 생각하는 모양이야. 나를 보라고, 쌍봉낙타 아닌가. 겨우겨우 한쪽 등까지는 들어갔지만 결국 거기까지야."

"이봐 낙타0. 자네 바늘구멍을 지나가지 말게. 시늉만 해. 그래야 주인이 정신 차리지."

"그럴까 해. 정말이지 자네가 부럽네. 그토록 현명하고 인자한 주인을 두었으니 말이야."

"두말하면 잔소리지. 덕분에 나는 오늘 일과를 간단히 마치고 퇴근하는 길이라네."

"그럼 낙타1부터 낙타17까지는 아직 거기 있는 건가?

"그렇지. 그 17마리의 낙타들은 이제 안전하다네."

"오늘은 자네 주인이 어떻게 유산 분배 문제를 해결하셨나?"

낙타0의 질문에 낙타18이 한쪽 입꼬리로만 웃으며 '오늘의 유산 분배 문제' 이야기를 들려주었다.

"왜 아라비아 출신의 부자 상인 A씨 알지? 그 A씨가 얼마 전에 죽었다네. 죽으면서 세 아들들에게 유언을 남겼지. 예나 이제나 부자가 죽으면 유산 상속이 이슈 아닌가. 그런데 A씨는 천국에 들어갈 요량

이었는지 다른 재산은 전부 사회에 환원하고 낙타 17마리만 남겨 둔 모양이더라고.”

“그래, 그 낙타 17마리는 누가 갖게 되었나?”

“그게 좀 골치가 아파. 그냥 첫째 몇 마리, 둘째 몇 마리, 셋째 몇 마리 그랬으면 간단했을 텐데 유언을 이상하게 남겼어. ‘첫째에게는 낙타 17마리 중 $\frac{1}{2}$을 주겠노라. 둘째에게는 $\frac{1}{3}$을 줄 것이며, 막내에게는 $\frac{1}{9}$을 주겠노라. 죽이지 말고 잘 나누어서 기르도록 하여라.’ 이랬다지 뭔가.”

“거참, 요상한 유언도 다 있네. 어때, 자네라면 몇 마리씩 분배해 주겠나?”

조용히 차를 마시며 경청하던 나에게 갑자기 낙타0이 질문을 던지는 바람에 사레가 들려 캑캑거렸다. 17마리라면 당장 반으로 나누는 것도 힘들다. 17이 2로 나누어떨어지지 않는다는 것 정도는 수학 문외한인 나도 단박에 알겠다. 17마리 중 절반이라면 8.5마리인데 그렇다고 낙타를 죽일 수도 없고. 도대체 2로도, 3으로도, 9로도 나누어떨어지지 않는 17마리를 나누어 가지라니 무슨 억지란 말인가. 생각 끝에 답을 내렸다.

“그냥 사이좋게 모여서 삼형제가 알콩달콩 다 같이 낙타 17마리를 기르면 안 될까요? 아니면 그냥 17마리를 적당히 나누거나.”

낙타0과 낙타18은 세상이 그렇게 알콩달콩하지만은 않다고 했다. 또 세상은 그렇게 적당히 나눈다고 해결되기만 하는 것은 아니라고도 했다. 게다가 아비의 유언을 따르는 것은 자식들의 도리라고도 했다.

그럼 어쩌라고?

"삼형제가 아무리 머리를 맞대도 답이 나오지를 않자 결국 우리 주인을 찾아와 도움을 청했어. 아비가 유산으로 17마리의 낙타를 남기고는 각각 $\frac{1}{2}$, $\frac{1}{3}$, $\frac{1}{9}$ 을 가지라고 했는데 자기네들은 도대체 답이 안 나온다고 하소연을 늘어놓더군. 잠자코 이야기를 듣던 우리 주인이 예의 그 현명한 미소를 지으며 파격적인 제안을 하지 뭔가."

"그 파격적인 제안이 뭔가?"

"내가 가진 낙타 1마리를 주겠다. 그러면 낙타가 18마리가 될 터. 18은 2로도, 3으로도 9로도 나누어떨어지니 금방 해결될 것이다."

"정말 파격적이군. 자네 주인에게 낙타라고는 낙타18, 자네 한 마리뿐이지 않은가. 자네를 그 삼형제에게 선뜻 내주었단 말인가?"

"나도 처음에는 깜짝 놀랐지 뭔가. 이제 주인 곁을 떠나 저들의 유산 분배 문제에 휘말려 살아야 하나 싶어서 말이지. 참담한 심정으로 17마리의 낙타 무리로 걸어 들어갔다네. 삼형제는 처음에는 극구 사양하더니만 이내 아비의 유언대로 우리들을 분배하기 시작했어. 18마리의 $\frac{1}{2}$ 은 9마리, 18마리의 $\frac{1}{3}$ 은 6마리, 18마리의 $\frac{1}{9}$ 은 2마리. 정말 간단하더군. 그런데 기이한 일이 생겼지 뭔가. 그렇게 삼형제가 자기 몫을 분배해 간 다음에 나 혼자 덩그러니 남겨진 거야. 무슨 조화인가 싶었어. 삼형제도 어리둥절하기는 마찬가지였어. 분명히 1마리를 더 얻어서 유언대로 나누었는데 나누고 보니 결국 17마리를 나누어 가진 셈이니까 말이지. 그런데 가만 생각해 보니 9+6+2=17 아닌가. 우리 주인은 예의 그 현명한 미소를 다시 짓더니 다 해결되었으니 자기 낙타는 도로 가져가겠다고 하더군."

"거, 정말 기이한 일일세."

"네, 정말 기이한 일이네요."

"어떻게 된 일인가?"

"어떻게 된 일이지요?"

낙타0과 나는 돌림노래라도 부르는 것처럼 연이어 물었다. 낙타18
이 그의 주인이 지었다는 예의 그 현명한 미소를 따라 지으며 우리를
바라보았다.

"분배 비율에 처음부터 문제가 있었어. 전부 나누어 주려면 분배
한 비율의 합이 1이 되어야 제대로 분배를 할 수 있는 거 아니겠나.
$\frac{1}{2}+\frac{1}{3}+\frac{1}{9}$을 해 보게. 2와 3과 9의 최소공배수인 18로 분모를 만들어
계산하면 $\frac{9}{18}+\frac{6}{18}+\frac{2}{18}$인데 다 더하면 $\frac{17}{18}$이 돼. 처음부터 $\frac{1}{18}$이 모자
라는 유언이었던 거지. 우리 주인이 그걸 간파한 거야. 내가 존경스럽
게 바라보자 주인은 그냥 '유리수'에 관심이 있을 뿐이라고 하더군. 그
래서 내가 물었지, 유리수가 뭐냐고 말이야. 우리 주인 말이 유리수는
비율로 나타내는 수라더군."

"비율로 나타낸다는 게 무슨 소리인가? 자세히 좀 들려주게."

"우리 앞에 사과가 1개 있다고 치세. 이 사과를 우리 셋이 똑같이 나
누어 먹으려고 3조각을 냈다고 치세. 그럼 이 3조각의 사과를 수로 나
타낼 수 있겠나? 정수로 나타낼 수는 없지 않은가. 자네들도 정수는
알지? 양수와 음수, 그리고 0을 포함하는 수를 '정수'라고 하지."

"너무 무시하지는 말게. 내가 유리수는 몰라도 정수까지 모르지는

않아. 그리고 사과 하나를 3개로 조각낸 수를 표현하는 게 뭐가 힘든가. 분수로 나타내면 되지. $\frac{1}{3}$ 조각일세."

"그렇지. 우리 주인 말이 분수가 곧 유리수라고 하더군. 두 정수를 비율의 형태로, 즉 분수의 꼴로 나타낸 수가 유리수라네. 그런데 정수도 유리수의 한 부분이라지 뭔가. 다만 분모가 1인 경우라는 거지."

아, 이야기가 점점 수학 교과서적으로 진행되고 있었다. 낙타들과의 티타임에서 수학 교과서 같은 이야기를 하게 될 줄은 꿈에도 몰랐다.

"우리 주인 말이 분수는 인간이 필요에 의해 발명해 낸 수라고 하더군. 필요는 발명의 어머니라지 않나. 1, 2, 3 같은 자연수만으로 세상을 볼 수 있다면 거기에서 멈췄겠지. 그런데 세상이 어디 그런가. 그러니 세상을 나타내는 다양한 방법으로 수는 계속 만들어지고 있다네."

"이봐, 낙타18. 그럼 자네 주인이 분수라는 표현 방법을 처음 사용한 건가?"

"이봐, 낙타0. 그건 아니지. 자네 수학 마을 낙타 맞나? **호루스의 눈**을 보고도 그런 말을 하는 거야?"

"아, 호루스의 눈! 그렇지, 거기에 이미 분수가 등장하지. 내가 바늘구멍만 보다 보니 시야가 좁아진 모양일세."

호루스의 눈에 분수가 있다니 이건 또 무슨 말일까. 내가 어리둥절해하자 낙타0과 낙타18이 '호루스의 눈'은 '스테빈과 네이피어의 발명 공작소'로 가는 오솔길 초입에 있는 동상인데 거기에 가면 '분수'를 볼 수 있다고 했다. 낙타0은 바늘구멍을 지나가는 일에 대한 한탄을 더 늘어놓을 기세였고, 낙타18은 유산을 어떤 비율로 나누었는지에 대하여 한참이라도 더 떠들 기세여서 나는 당장 호루스의 눈 동상을 보러 가기로 했다. 낙타들과 보낸 오후의 티타임은 은은한 차 향기 속에 멀어져 갔다.

················· 이상하고 규칙적인 수학 마을로 가는 안내서 8

호루스의 눈
- 완전한 1이 되기 위한 분수 조각들

호루스Horus는 매의 머리를 한 고대 이집트의 신이다. 수학 마을에서 만날 수 있는 호루스의 동상은 흔히 '호루스의 눈'이라고 불린다. 호루스의 눈은 신비한 데가 있다. 길을 걷다 우연히 이 동상을 만나면 잠시 멈추어 서서 가만히 호루스의 눈을 바라보라. 서서히 뭔가 치유되고 있다는 느낌에 사로잡힐 것이다.

호루스의 아버지는 죽음과 부활의 신인 오시리스Osiris이다. 오시리스는 이집트의 첫 번째 왕이 되어 지상을 다스리고 있었다. 그에게는 세트Seth라고 하는 사악한 동생이 있었는데 세트는 형 오시리스를 질투의 눈으로 바라보았다. 그가 질투한 것은 오시리스의 권력이었다. 세상을 다스리는 힘. 그것은 오시리스에게만 허용된 일이었다. 세트는 그 힘을 부러워하다가 질투하게 되었고, 결국 질투는 사악한 음모를 낳았다.

어느 날 세트는 연회를 열었다. 그리고 연회의 분위기가 무르익었을 때 상자 하나를 가져왔다. 오시리스와 비슷한 크기의 아름다운 상자. 세트는 이 상자 속에 꼭 맞게 들어가는 사람이 있으면 그에게 이 아름다운 상자를 주겠노라 큰소리로 말했다. 마침 연회의 흥겨운 분위기 속에서 오시리스가 상자에 들어가게 되었다. 오시리스의 몸에 맞춘 상자는 역시나 그에게 딱 맞았다. 그 순간 세트는 상자에 못을 박아 나일 강에 던져 바다로 흘려보냈다. 상자는 오시리스의 관이 되었다. 그렇게 오시리스를 죽인 세트는 마침내 이집트의 지배자가 되었다.

이 사실을 알게 된 오시리스의 아내 이시스Isis는 바다 건너까지 샅샅이 뒤져 남편의 시체를 찾아왔다. 세트는 두려웠다. 오시리스가 부활하면 자신의 권력은 그것으로 끝이다. 후환이 두려운 세트는 오시리스의 시신을 14조각으로 나누어 이집트 전역에 흩뿌렸다. 14조각으로 나뉜 오시리스는 더 이상 오시리스가 아니리라. 그러나 이시스는 포기하지 않았다. 몇 년에 걸쳐 이집트에 흩어진 14조각의 시신을 찾아와 하나씩 바느질로 이어 붙이기 시작했다. 삶과 죽음을 연결하는 그 바느질로 오시리스는 부활했고, 이시스는 아들 호루스를 잉태하였다. 매의 머리를 한 호루스는 그렇게 태어났다. 지혜의 신 토트Thoth의 도움으로 무사히 성장한 호루스는 아버지의 원수인 세트와 대적할 힘을 갖게 되었다. 세트와의 전투에서 승리한 호루스는 이집트의 왕이 되었으나 전투 중에 그만 왼쪽 눈이 산산조각 나고 말았다.

산산조각이 난 호루스의 눈은 이집트 각지로 흩어졌다. 여기에는 호루스 눈의 $\frac{1}{2}$조각이, 저기에는 $\frac{1}{4}$조각이, $\frac{1}{8}$조각이, $\frac{1}{16}$조각이, $\frac{1}{32}$조각이, $\frac{1}{64}$조각이…… 그렇게 곳곳으로 흩어져 버렸다. 토트는 이를 안타깝게 여겨 호루스의 조각난 눈을 모아 그에게 돌려주었다. 조각들을 모아 다시 치유된 왼쪽 눈은 검은색을 띠게 되었고 이후 호루스의 왼쪽 눈은 '치유'를 상징하게 되었다.

자, 이것이 호루스의 눈에 얽힌 이야기이다. 우리가 호루스의 눈을 보고 치유받는 느낌이 든다면 바로 이런 이야기가 그 안에 있기 때문일 것이다. 치유의 시간이 끝나면 이제 다시 호루스의 눈을 가만히 들여다보자. 그러면 당신은 아마도 그 눈에서 분수를 읽게 될 것이다.

이집트인들은 치유된 호루스의 눈 전체를 1로 보고, 조각난 부분들의 크기를 분수로 나타냈다. 그런데 $\frac{1}{2}$, $\frac{1}{4}$, $\frac{1}{8}$, $\frac{1}{16}$, $\frac{1}{32}$, $\frac{1}{64}$조각의 수를 다 더해도 완전한 1이 되지 않았다. 호루스의 눈 조각들의 합은 $\frac{63}{64}$. 완전한 하나의 눈이 되기 위해서는 $\frac{1}{64}$이 부족했다. 이집트인들은 생각했다. 완전한 1이 되기 위해 부족한 $\frac{1}{64}$은 지혜의 신 토트가 채워 주고 있다고 말이다.

고대 이집트 분수의 비밀

 내 부족한 $\frac{1}{64}$ 은 누가 채워 주려나 생각하면서 호루스의 눈에 쓰인 분수들을 바라보았다.

"오우, 호루스의 눈은 언제 봐도 재미있지요. 그렇지 않나요?"

검은 머리에 검은 콧수염 그리고 살짝 턱수염까지 기른 웬 외국인 아저씨였다. 토끼와 낙타가 말하는 마당에 외국인 아저씨가 능숙한 한국어로 말하는 것쯤이야 이젠 아무렇지도 않았다.

"저는 오늘 처음 호루스의 눈을 봤어요. 재미있는지는 모르겠고 솔직히 좀 무서운 느낌이 들어요."

외국인 아저씨가 외국인다운 감탄사를 연발하며 말했다.

"오우, 무섭다니요! 아니에요. 이건 오우, 언제 봐도 재미있는걸요. 이건 오우, 낭만적이에요. 오우, 당신도 언젠가 알게 될 거예요. 오우, 이 아름다운 분수를 보세요!"

나는 재미와 낭만과 아름다움이 들어 있다는 호루스의 눈을 뚫어지게 바라보았다. 도대체 이 외국인 아저씨는 어디에서 재미와 낭만과 아름다움을 찾은 걸까.

"호루스의 눈에 쓰인 이 분수들을 보세요. 뭔가 공통점이 있어요. 분자가 모두 1이라는 겁니다. 분자가 1인 분수를 '단위분수'라고 하는데, 이걸 보면 고대 이집트인들은 단위분수를 즐겨 썼다는 사실을 알수 있지요. 그래서 우리는 단위분수를 '호루스 분수'라고도 한답니다. 오우, 이 호루스의 눈에서는 고대 이집트의 냄새가 나요. 흠, 맡아 보세요."

나도 외국인 아저씨를 따라 호루스의 눈 동상 앞에서 코를 벌름거리며 큼큼거렸다. 고대 이집트의 냄새는 미라 냄새일까, 미라는 어떤 냄새가 나지? 뭐 이런 생각을 하며 계속 큼큼대고 있자니 어쩐지 변태 같다는 생각이 들어 얼른 고개를 숙이고 주위를 두리번거렸다. 그러자 호루스의 눈 동상 받침대에 새겨진 이상한 상형 문자가 눈에 들어왔다.

$\frac{1}{3}$	$\frac{1}{4}$	$\frac{1}{5}$	$\frac{1}{6}$	$\frac{1}{7}$	$\frac{1}{8}$	$\frac{1}{9}$	$\frac{1}{10}$	$\frac{1}{2}$	$\frac{2}{3}$

"고대 이집트의 파피루스에 쓰인 분수들이랍니다. $\frac{1}{3}$을 보세요. 빵이나 열매 같은 타원 아래 작대기가 3개 그려져 있네요. 아마 빵이나 열매 하나를 셋이서 나눌 때 한 사람에게 돌아가는 몫이라는 뜻일 겁니다. 분수라니까요. 오우, 기똥차지 않나요?"

이 외국인 아저씨, '기똥차다'라는 속어까지 아는 모양이다. 오우,

대단하다.

"이 파피루스에서 보시다시피 고대 이집트에서는 단위분수를 썼지요. 특이하게 $\frac{2}{3}$만 제외한다면 말입니다. 아마 고대 이집트에서도 공평함과 분배의 문제가 중요했던 듯해요. 농작물 등을 한 사람 한 사람에게 공평하게 나누어 주는 문제 말입니다. 오우, 멋지지 않나요? 공평한 분배."

분명히 공평함과 분배는 중요한 문제이기는 한데 단위분수를 써서 어떻게 공평한 분배를 한다는 말이지?

"단위분수만 썼다면 고대 이집트 사람들은 $\frac{3}{4}$을 어떻게 나타냈을까요?

$$\frac{3}{4} = \frac{1}{2} + \frac{1}{4}$$

바로 이렇게 서로 다른 단위분수로 표현이 됩니다. 번거롭다고 볼 수도 있지만 그 안을 들여다보면 오우, 전 정말이지 놀라고 말았답니다. $\frac{3}{4}$은 3을 4등분한다는 의미라고도 할 수 있죠. 어쩌면 빵 3개를 4명에게 공평하게 나누어 주는 문제라고도 할 수 있습니다. 여기 빵은 3개, 사람은 4명이 있습니다. 그들에게 공평하게 빵을 나누어 주려면 어떻게 해야 할까요? 우선 빵 2개를 $\frac{1}{2}$씩 자르면 모두 4조각이 되니 4명이 하나씩 나누어 가질 수 있습니다. 그리고 남은 빵 1개를 $\frac{1}{4}$씩 잘라 다시 4명이 나누어 가집니다. $\frac{1}{2} + \frac{1}{4}$의 방법으로 모두에게 똑같은 양을 분배할 수 있는 거지요. 수에도 사고방식이 담기는 법입니다. 오우, 멋지지 않습니까? 하나씩 모두에게 똑같이 나누어 준다는 것."

외국인 아저씨는 '오우'를 연발하며 다시 코를 큼큼거렸다. 고대 이집트의 냄새를 다시 맡고 있는 모양이다.

"외국인 아저씨는 호루스의 눈에 있는 단위분수를 정말 좋아하시나 봐요?"

외국인 아저씨는 '오우'를 연발하며 고개는 오른쪽으로 기울이고 두 어깨는 위로 추어올리는 전형적인 외국인 포즈를 취하며 말했다.

"오우, 물론이죠. 큼큼, 지금을 있게 한 과거의 냄새가 이렇게 훈훈하지 않습니까, 큼큼. 오우, 분수 때문에 골치 아픈 일도 있었지만 오우, 분수 때문에 제가 소수를 발명하기도 했죠. 안녕하세요, 제 소개가 늦었습니다. 저는 스테빈이라고 합니다."

스테빈과 네이피어의 발명공작소
- 지금의 소수 표기법이 세상에 나오기까지

호루스의 눈 동상이 있는 오솔길을 따라 8분 정도 걸어가면 아담한 건물이 하나 나온다. 바로 '스테빈과 네이피어의 발명공작소'이다. 말 그대로 스테빈 씨와 네이피어 씨가 운영하는 발명공작소이다. 그렇지만 스테빈 씨와 네이피어 씨가 친밀한 관계인 것은 아니다. 그들의 발명 공작소는 같은 건물에 있지만 벽으로 가로막혀 있어서 서로가 각자의 영역을 침범하고 있지는 않다. 하지만 벽에도 귀가 있다는 속담처럼 그들의 발명과 공작은 서로에게 좋은 자극제가 되었다.

 발명공작소를 운영하는 두 주인 중 한 사람인 시몬 스테빈Simon Stevin(1548~1620) 씨는 네덜란드 출신이 다. 스테빈 씨는 네덜란드가 스페인으로부터 독립 전쟁을 하던 시기에 장교로 근무한 경험이 있다. 그 는 그때의 경험을 발판으로 우리 수학 마을에 발명공작소를 세웠다.

스테빈 씨는 '소수'를 발명한 것으로 특히 유명하다. 0과 1 사이에는 '어떤 수'들이 있다. (물론 2와 3 사이에도 어떤 수들이 있다.) 분명 0보다 는 크고 1보다는 작은 수들이 있는데 그 수를 어떻게 나타내면 좋을 까? 분수가 있지만 계산이 복잡한 경우가 있다. 분수보다 한눈에 알아 볼 수 있는 그런 수가 필요하지 않을까? 이런 고민 끝에 스테빈 씨는 일의 자리보다 작은 자릿값을 가진 수를 나타내는 새로운 수, 소수를 발명한 것이다. 스테빈 씨의 저서 《10분의 1에 관하여De Thiende》(1585) 에는 장교로서 근무하던 당시에 그가 겪은 고민과 그 고민 속에서 그 가 발명한 소수에 대한 이야기가 고스란히 녹아들어 있다. 스테빈 씨 는 그때의 상황을 이렇게 회상한다.

"정말 끔찍했어요. 전쟁이요? 물론 전쟁도 끔찍하지요. 하지만 저는 경리부장으로 근무했어요. 전쟁에 필요한 자금을 계산하고, 이자도 계산하고 뭐 그런 일들을 주로 했지요. 그런데 이자 계산은 언제나 제 발목을 잡았습니다. 머리가 터질 지경이었어요. 그 당시에는 이자를 단위분수로 나타냈거든요. 1000원을 빌리고 그 1000원에 대한 이자가 $\frac{1}{10}$ 이라고 하면 쉬웠지요. 100원 아닙니까. 그런데 어디 그렇게 딱 떨어지는 돈만 빌릴 수 있나요. 3456원을 빌리고 이자로 $\frac{1}{11}$ 을 지불해야 하는 경우도 생기는 법이지요. 도대체 3456원의 $\frac{1}{11}$ 을 어떻게 계산하라는 말입니까? 계산기요? 여보세요, 16세기였다고요."

복잡한 이자 계산 때문에 두통을 달고 살았던 스테빈 씨가 두통약을 발명할 수도 있었을 것이다. 하지만 스테빈 씨는 수학자였다. 그는 '아, 분모가 10이거나 100이라면 훨씬 계산이 쉬울 텐데' 하는 생각을 하게 되었다. 곧 '못 할 것도 없잖아'라는 생각이 뒤따랐다. 수학자답게 계산을 해 보니 $\frac{1}{11}$ 은 $\frac{9}{100}$ 와 비슷한 값이 나왔다. 그렇다면 굳이 계산하기 어렵게 이자를 $\frac{1}{11}$ 로 할 게 아니라 $\frac{9}{100}$ 로 하면 되지 않겠는가. 분모를 10, 100 등으로 한 스테빈 씨의 이 새로운 이자 계산법은 곧 사람들의 호응을 얻어냈다. 하지만 스테빈 씨는 여기에서 멈추지 않았다. 새로운 고민이 또 생겼다. 분수로만 되어 있으니 어느 수가 더 큰 수인지를 금방 파악하기가 어려웠던 것이다. 이런 분수를 생각해 보자.

$$\frac{2345}{10000}, \frac{36785}{100000}$$

분모가 다르니 어느 쪽이 더 큰 수인지 금방 감이 잡히지 않는다. 스테빈 씨는 한참을 골똘히 생각했다.

$$\frac{2345}{10000} = \frac{2}{10} + \frac{3}{100} + \frac{4}{1000} + \frac{5}{10000}$$

$\frac{1}{10}$자리는 ①, $\frac{1}{100}$은 ②, $\frac{1}{1000}$은 ③. 그래, 이렇게 자릿수를 나타내자! $\frac{1}{10}$자리에 2가 온다면 2①, $\frac{1}{100}$자리에 3이 온다면 3②……. 이렇게 쓰면 어떨까? 스테빈 씨는 자기가 고안한 방법으로 새롭게 수를 나타내 보았다.

$$\frac{2345}{10000} \Rightarrow ⓪2①3②4③5④ , \quad \frac{36785}{100000} \Rightarrow ⓪3①6②7③8④5⑤$$

훨씬 마음에 들었다. 이것이 바로 0과 1사이에 있는 작은 수들을 나타낼 수 있는 소수의 탄생이다. 분수를 사용하기 시작한 지 3000여 년 뒤의 일이었다.

스테빈 씨가 고안한 소수 표기법이 지금 사용하고 있는 표기법과 조금 다르다는 것은 눈치챘을 것이다. 오늘날 우리가 사용하는 것처럼 소수점을 찍는 표기법을 이야기하려면 네이피어 씨를 언급하지 않을 수 없다. 발명공작소의 또 다른 운영자인 존 네이피어John Napier(1550~1617) 씨를 만나 보자. 네이피어 씨는 스코틀랜드 귀족 출신의 수학자로 잠수함과 군사용 무기를 설계하고 농업 기술을 보급하는 등 여러 분야에서 발명가로서의 면모를 발휘했다. 긴 옷을 입고 성지를 거닐거나 고독한 삶을 좋아하는 성격으로 인해 종종 마법사 취급을 받았다고도 전해진다. 네이피어 씨의 마법사 같은 능력에 놀란 그의 하인 중 한 사람의 증언을 들어 보자.

"얼마나 떨렸는지 모릅니다. 네이피어 씨가 닭을 훔쳐 간 범인을 잡겠다고 나섰거든요. 네이피어 씨는 닭 1마리를 갖고 오더니 주문을 걸지 뭡니까. 그러더니 닭을 어두컴컴한 닭장에 가두더군요. 그리고 우리들에게 말했죠. '이제 이 닭은 마법에 걸렸다. 너희들은 한 사람씩 닭장에 들어가 이 닭의 등을 쓰다듬고 나오너라. 닭을 훔쳐 간 범인이 이 닭의 등을 만지면 울음소리가 들릴 터. 그가 바로 범인이다!' 전 결백했습니다만 떨리는 건 어쩔 수 없더군요. 혹시라도 닭이 울면 어쩌지 하며 벌벌 떨면서 닭의 등을 만졌죠. 다행히 울지 않더군요.

네이피어 씨는 닭장에 다녀온 우리들의 손바닥을 유심히 보고 있었어요. 그러더니 손바닥이 하얀 하인 하나를 지목하면서 '이놈, 네가 범인이로구나' 하지 뭡니까. 우리들은 의아했어요. 닭은 울지 않았거든요. 나중에 보니 그 하인만 제외하고 나머지 하인들의 손바닥은 모두 시커먼 숯가루 같은 게 묻어 있지 뭡니까. 네이피어 씨는 닭에다가 주문을 건 게 아니라 숯가루를 묻힌 거였어요. 범인이라면 닭이 울까 봐 겁이 나서 만지지 않을 거라는 사실을 간파한 거죠. 그래서 범인의 손바닥만 숯가루가 묻지 않았던 겁니다.

또 이런 일도 있었습니다. 이웃집 비둘기들이 자꾸 우리 마당으로 날아와 곡식을 훔쳐 먹었어요. 네이피어 씨는 비둘기들이 날아오는 것을 막아 달라고 이웃에게 부탁했죠. 하지만 들은 척도 안 하더군요. 자기 곡식이 축나는 것도 아니니까요. 화가 난 네이피어 씨는 한 번만 더 우리 마당으로 날아와 곡식을 먹는다면 다 잡아 버리겠다고 했지요. 그래도 이웃은 '날아다니는 비둘기를 어찌 잡누' 하는 마음에 잡을 수 있으면 잡아 보라며 오히려 큰소리를 쳤습니다.

다음 날 깜짝 놀란 것은 물론 이웃이었지요. 자기 비둘기들이 우리 마당에서 비틀거리고 있고, 네이피어 씨는 그 녀석들을 자루에 담고 있었거든요. 우리는 네이피어 씨가 비둘기들에게 무슨 마법을 걸었나 보다 했어요. 나중에 무슨 마법인지 물었더니 껄껄 웃더군요. 그저 술에 담근 콩을 마당에 뿌렸을 뿐이라고. 술에 절은 콩을 먹은 비둘기들이 취해서 날지 못하고 비틀거리고 있었던 겁니다. 정말 대단하지 않나요?"

대단하다. 하지만 네이피어 씨의 대단함은 닭이나 비둘기 같은 조류 관련 일화에만 있는 것은 아니다. 당시에는 천문학이 인기였다. 천문학 연구에는 큰 수를 계산하는 경우가 많았는데 예언이나 점성술에도 관심이 많았던 네이피어는 천문학에 쓰이는 복잡한 계산을 보다 쉽게 할 수 없을까 고민하기 시작했다. 덧셈과 곱셈 중 어느 것이 더 쉬울까? 당연히 덧셈이겠지. 그렇다면 곱셈을 덧셈으로 바꾸어 계산하는 방법은 없을까? 엄청나게 큰 수를 작은 수로 바꾸어서 계산할 수는 없을까? 이런 고민 끝에 그가 발명한 것이 바로 '로그$_{log}$'라는 것이다.

로그의 창시자로 유명한 네이피어 씨는 소수 표기법을 대중화하는 데에도 공헌했다. 스테빈 씨의 소수 표기법을 이용하여 나타낸 '⓪2①3②4③5④'를 다시 보자. 사실 낯설다. 우리에게 익숙한 표기법은 아마 이럴 것이다.

$$0.2345$$

이 익숙한 소수 표기법이 세상에 나온 것은 다 네이피어 씨 덕분이다. 그는 정수 부분과 소수 부분, 그 사이에 '점' 하나를 찍으면 훨씬 간단해지지 않을까 생각했다. 양수일 경우 점을 기준으로 왼쪽은 정수 부분, 오른쪽은 소수 부분이 된다. 점 아래로는 차례대로 소수 첫째 자리, 둘째 자리가 된다.

$$\frac{2345}{10000} \implies ⓪2①3②4③5④ \implies 0.2345$$

이로써 소수점이 탄생했다. 이 무심해 보이는 점 하나가 세상을 더 편하게 만든 것이다.

스테빈 씨와 네이피어 씨 덕분에 우리는 소수를 갖게 되었다. 모두 스테빈과 네이피어의 발명공작소에서 탄생한 것들이다. 지금도 그들은 작업실에서 새로운 발명을 하는 재미에 시간 가는 줄 모르고 있다. 그리고 당신은 그들이 발명한 기상천외한 물건들을 보는 재미에 시간 가는 줄 모를 것이다.

스테빈의 돌단차

오솔길을 따라 외국인 아저씨, 아니 스테빈 씨와 걸었다. 스테빈과 네이피어의 발명공작소는 오솔길 끄트머리에 있었다. 발명공작소는 컨테이너 2개를 이어 붙인 것 같은 건물이었다. 그중 하나에 '시몬 스테빈'이라는 문패가 걸려 있었다. '존 네이피어'라는 문패가 걸린 건물 옆으로는 그을음이 묻은 닭과 술에 취해 비틀거리는 비둘기들이 갇힌 우리가 있었다.

"여기가 제 작업실입니다. 저쪽은 네이피어의 작업실이죠. 오우, 네이피어는 작업실에 있어요. 호루스의 눈까지 산책을 가자고 했더니 그냥 혼자 있고 싶다고 했거든요. 우리 발명공작소의 기상천외한 물건들을 보고 싶다고 하셨죠? 오우, 당연히 보여 드려야죠. 따라오시죠."

스테빈 씨는 작업실이 아니라 컨테이너 건물 뒤쪽으로 나를 데려갔다. 오솔길 끄트머리에 있는 작고 초라한 건물인 줄만 알았는데 뒤쪽에는 우리 학교 운동장만큼이나 큰 풀밭이 펼쳐져 있었다. 풀밭 한가운데 기괴한 발명품이 덩그러니 놓여 있었다. 바퀴가 4개 달린 커다란 수레였다. 바퀴 하나의 지름이 1.5미터 정도는 되어 보였다. 여기까지는 분명 수레였다. 그런데 이 수레에 돛이 달려 있었다.

"제가 만든 겁니다. 바람이 불면 저절로 움직이는 수레라고 할 수 있지요. 누구는 풍력 자동차라고 부르더군요. 오우, 돛을 단 배를 돛단배라고 부르니까 이건 '돛단차'라고 불러도 재미있을 것 같네요. 28명 정도는 거뜬히 태울 수 있답니다. 어느 바람 부는 날, 직접 28명의 사람들을 태워 시속 14킬로미터로 달리기도 했었죠. 오우, 바람을 가르고 달리는 맛이란! 하지만 그것뿐이었어요. 바람의 반대 방향으로 갈 수도 없었고, 바람이 불지 않으면 아예 움직이지를 않았으니까요. 하지만 멋진 일 아닌가요? 비록 실패했지만 나중에 헨리 포드Henry Ford 같은 사람이 자동차를 개발하는 데 필요한 한 걸음을 내디뎌 준 거니까요. '지금의 내 한 걸음이 미래를 바꾸어 놓는다.' 제가 고안한 소수처럼 말이지요."

스테빈 씨는 돛단차를 흐뭇하게 바라보며 사색에 잠기는 듯했다. 왠지 방해하면 안 될 것 같아 작업실에 있다는 네이피어 씨를 찾아가 보기로 했다.

네이피어의 막대

네이피어 씨는 작업실 탁자 위에 숫자가 쓰인 작은 막대기를 일렬로 늘어놓고 있었다. 가로는 짧고 세로로 긴 모양이 다 먹은 아이스크림 막대를 깨끗이 씻어 놓은 것 같았다. 모두 9개였다. 각 막대기는 다시 9개의 칸으로 나누어져 칸마다 숫자가 쓰여 있었다. 첫 번째 막대에는 1부터 9까지의 숫자가 쓰여 있었다. 두 번째 막대에는 2, 4, 6, 8, 10, 12, 14, 16, 18. 세 번째 막대에는 3, 6, 9, … 27. 네 번째 막대에는……. 그렇다. 4의 배수들이 쓰여 있었다. 그러니까 9개의 막대가 각각 1단부터 9단까지의 구구단 막대기였다. 이건 뭐지 궁금해하는 나를 보더니 네이피어 씨가 입을 열었다.

"내가 발명한 곱셈을 쉽게 하는 마법의 막대기일세. 계산을 쉽게 하는 데 관심이 좀 많거든. 사람들은 이걸 '네이피어 로드Napier rods' 또는 '네이피어 본Napier bones'이라고도 부르지. 어쨌든 복잡한 곱셈도 이 막대만 있으면 금방 해낼 수 있다네. 의심하는 눈치로군. 그렇다면 직접 해 보게나. 여기 사용 설명서일세. 나는 하던 일을 마저 해야 하니 이 설명서를 보고 쉽게 곱셈하는 법을 익히고 있게나."

네이피어 씨는 '네이피어 막대 사용 설명서'라고 적힌 종이를 건네고는 작업실 뒤쪽의 부엌처럼 보이는 곳으로 사라졌다.

네이피어 막대 사용 설명서

네이피어 막대는 복잡한 곱셈을 쉽게 계산할 수 있도록 발명되었다. '스테빈 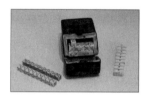과 네이피어의 발명공작소'에서는 네이피어 막대의 완성품(왼쪽 그림 참조)을 판매하고 있다. 그러나 경제적 이익을 목적으로 발명한 것이 아닌 만큼 필요로 하는 사람들은 직접 제작하여 사용할 수도 있다. 다음은 이러한 사람들을 위한 제작 및 사용법에 대한 안내이다.

1. 네이피어 막대는 나무나 상아, 뼈 등을 막대기 모양으로 만들어 사용한다. 나무나 상아, 뼈 등을 구하기 힘들다면 그냥 종이에 만들어도 좋지만 보존을 생각한다면 아무래도 딱딱한 재질을 쓰는 것이 좋다.

2. 네이피어 막대를 간단히 만들어 보기 위해서는 9개의 막대기가 필요하다. 9개의 막대기는 각각 1단부터 9단을 의미한다. 각 막대기는 다시 9개의 칸으로 나누고, 칸마다 대각선을 그어 둔다. 이제 1단 막대기의 9개의 칸에 세로로 1단의 곱셈 결과를 쓰면 된다. 2단 막대기에는 2단의 곱셈 결과를 쓰면 된다. 곱셈 결과가 두 자릿수가 나온다면 그어 둔 대각선의 왼쪽 위에 십의 자리를, 오른쪽 아래에 일의 자리를 쓴다. 아래 그림을 참고하기 바란다.

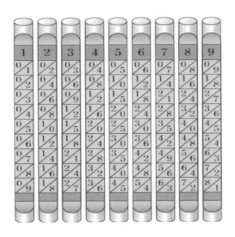

3. 2번까지 잘 따라왔다면 네이피어 막대는 완성된 것이다. 이제는 사용법을 익혀 보자.

4. 어떤 사람이 물었다. "나는 이 도시에서 7년을 보냈습니다. 일수로 계산하면 도대체 며칠인가요?" 물론 365×7일이다. 하지만 이 사람이 궁금한 것은 그 계산 결과가 아닐까? 이제 직접 네이피어 막대를 이용해 계산해 보자.

1) 9개의 막대 중 3단, 6단, 5단 막대를 골라 그림처럼 일렬로 세워 365를 만든다.

1	3	6	5
2	⁰⁄6	¹⁄2	¹⁄0
3	⁰⁄9	¹⁄8	¹⁄5
4	¹⁄2	²⁄4	²⁄0
5	¹⁄5	³⁄0	²⁄5
6	¹⁄8	³⁄6	³⁄0

7	2 / 1	4 / 2	3 / 5
8	2 / 4	4 / 8	4 / 0
9	2 / 7	5 / 4	4 / 5

2) 3단, 6단, 5단 각 막대의 일곱 번째 줄의 수에 주목한다.

3) 이제 이 수들을 나열하면 된다. 단, 일곱 번째 줄의 수들 중 사선으로 이어져 같은 곳에 위치한 수들을 서로 더한 다음에 나열한다.

2, 1+4, 2+3, 5

4) 이제 365×7의 답을 구했다.

2555

5) 내친 김에 365×67도 해 보자. 3단, 6단, 5단 각 막대들의 여섯 번째 줄과 일곱 번째 줄에 주목한다. 67을 곱할 것이니까.

1	3	6	5
2	/ 6	1 / 2	1 / 0
3	/ 9	1 / 8	1 / 5
4	1 / 2	2 / 4	2 / 0
5	1 / 5	3 / 0	2 / 5

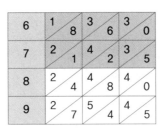

6) 3)의 방법으로 같은 사선 안에 있는 수들을 더하면서 나열한다. 더한 값
에서 십의 자리가 나오면 십의 자리는 앞의 자리로 올려 더해 준다.

1,	2+8+3,	1+4+6+3,	2+3+0,	5
1,	13,	14,	5,	5

1+1   3+1   4   5   5

7) 이제 365×67의 답을 구했다.

24455

네이피어 씨가 다시 나왔다.

"어떤가, 구구단을 몰라도 계산이 쉽지? 요새야 계산기가 복잡한
계산도 척척 해 주지만 예전에야 어디 그랬나. 중국에서는 문살을 이
용해서 곱셈을 하기도 했다더군. 내가 고안한 곱셈을 쉽게 해 주는 이

막대기가 어찌 보면 오늘날 계산기의 모태라고도 할 수 있지. 지금의 한 걸음이 나중의 천 걸음이 되는 거라네."

어찌 스테빈 씨와 비슷한 말을 하는 네이피어 씨. 그때 주책없이 내 배에서 꼬르륵거리는 소리가 났다. 생각해 보니 수학 마을에 와서 제대로 먹은 게 없다. 커피와 도넛이 전부였다.

"내가 하던 일을 막 끝냈네. 내가 한 요리지. 같이 먹지 않겠나?"

듣던 중 반가운 소리. 마침 스테빈 씨도 음식 냄새를 맡았는지 코를 큼큼거리며 네이피어 씨의 작업실로 들어왔다. 네이피어 씨가 준비한 요리는 닭을 간장에 졸인 음식이었다. 모두 함께 단출한 만찬을 즐기던 중 스테빈 씨가 물었다.

"자네 우리에 있던 닭인가? 풍미가 좋군. 약간의 술도 가미된 것 같고."

"웬걸, 술에 절인 콩을 먹은 비둘기 요리일세."

"……."

그러니까 내가 지금 맛있게 먹고 있는 이 음식이 닭고기가 아니라 비둘기 고기? 음식에 대한 편견을 가지면 안 된다지만 비둘기 고기라는 것을 안 순간 입맛이 사라졌다. 아, 비둘기라니. 뭔가 달콤한 것으로 찝찝한 입맛을 가시게 하고 싶어졌다.

"죄송하지만 혹시 디저트도 있나요?"

"디저트? 그것까지는 준비하지 않았지만 저 아래로 가면 유명한 디저트 카페가 있다네. '라이프 오브 파이'라는 곳인데 그 집 파이가 아주 훌륭해."

디저트 카페 '라이프 오브 파이'
- 끝없이 이어지는 소수, π의 매력

디저트 카페 '라이프 오브 파이'에 가면 신선한 유기농 원료로 만든 무려 314가지 종류의 파이들을 맛볼 수 있다. 지름 10센티미터의 작은 파이부터 100센티미터의 거대한 파이까지 그 크기도 다양하다.

이 파이들에는 공통점이 있다. 맛있다는 것이다. 출출한 당신은 이곳에서 어느 파이를 고르든 그 맛에 반하지 않을 수 없을 것이다. 또 하나의 공통점은 이곳에서 판매하는 파이들은 다 원의 형태를 띠고 있다는 것이다. 모든 파이가 다 동그랗다. 원은 예로부터 가장 완벽한 존재였다. 공통점이 또 있다. 이 파이들은 크기에 상관없이 모두 똑같은 원주율을 갖고 있다.

'원주율'이란 원의 둘레와 지름의 비율을 의미한다. 원의 둘레가 지름의 길이와 비교할 때 몇 배나 더 큰지를 알려 주는 것이 바로 원주율이라고 할 수 있다. 재미있는 것은 어떤 크기의 원이든 원의 둘레와 지름 사이의 비율은 같다는 것이다. 지름이 10센티미터인 파이와 지름이 100센티미터인 파이의 둘레는 비율상으로는 언제나 동일하다. 우리는 이 원주율을 'π(파이)'라고 부른다. 먹는 파이(pie)가 아니다. '둘레'를 뜻하는 그리스어 'περίμετρο(perimeter)'의 첫 글자를 따서 π라는 기호를 쓰고 있다. 오일러 씨의 제안이었다.

π
3.141
5926535
8979323846
2643383279502
8841971693993751

디저트 카페 라이프 오브 파이는 맛있는 파이와 더불어 원주율 π의 맛도 음미할 수 있는 멋진 장소라고 할 수 있다. 이곳은 간판부터 특이하다. π라는 문자가 선명하게 찍혀 있고 그 아래 이상한 숫자들이 잔뜩 적혀 있다. 어쩐지 익숙한 숫자들일지도 모르겠다. 그렇다. 바로 원주율의 값을 나타내는 숫자들이다. 원주율은 끝없이 계속 이어지는 소수이기 때문에 그 숫자를 일일이 다 열거하기는 힘들다. 그래서 우리는 편의상 원주율의 값을 근삿값인 3.14로 나타낸다.

그나저나 어떻게 저런 수들이 나왔을까? 도대체 어떻게 원주율을 구할 수 있었을까? 가장 간단한 방법은 직접 재어 보는 것이다. 말이 간단하지 다양한 크기의 원의 둘레와 지름을 측정하는 일은 그렇게 쉽지 않았을 것이다. 이 일을 해낸 사람들이 바로 고대 이집트인들이다. 원을 그린 후 끈을 이용하여 원의 지름을 잰다. 다음으로 지름만큼 자른 끈을 원의 둘레를 따라 놓는다. 지름만큼 자른 끈을 3개쯤 둘러 놓으면 거의 원의 둘레에 가깝다. 단지 지름의 $\frac{1}{7}$ 정도만 남는다. 아, 원의 둘레는 대략 '원의 지름의 3배+지름의 $\frac{1}{7}$'쯤 되는구나, 했을 것이다. 실제로 고대 이집트의 수학책인 《아메스 파피루스Ahmes papyrus》에는 3.16049……를 원주율 값으로 사용한 기록이 남아 있다고 한다.

고대 그리스 수학자 아르키메데스Archimedes는 계산을 통해 원주율의 값을 구하기도 했다. 그는 원에 내접하는 정다각형을 그리고 외접하는 정다각형도 그렸다. 원의 둘레는 내접하는 정다각형의 둘레보다는 크고, 외접하는 정다각형의 둘레보다는 작을 것이다. 정육각형, 정십이각형, 정이십사각형……. 이렇게 정구십육각형까지 늘려 가면서 원주율의 근삿값이 3.1408…… < π < 3.1428…… 이라는 비교적 정확한 계산을 했다고 전해진다.

고대 중국도 빼놓으면 섭섭하다. 고대 중국의 수학서 《구장산술》에도 원주율의 값에 대한 기록이 있으며, 유휘劉徽라는 중국 수학자는 원을 정다각형으로 분할하는 방법인 '할원술'로 정밀한 원주율 값을 구했다. 이후 5세기 무렵 조충지祖沖之라는 사람이 할원술, 아르키메데스식으로 말하면 '정다각형법'을 사용해 비교적 정확한 원주율 값을 계산했다고 한다.

끝없이 이어지는 소수, π의 매력은 여기에서 끝나지 않았다. 독일의 수학자 루돌프Ludolph Van Ceulen는 아르키메데스의 방법을 사용하여 원주율의 값을 소수점 아래 35자리까지 계산해 냈다. 심지어 루돌프는 유언으로 그의 묘비에 그가 구한 원주율의 값을 새겨 달라고 했다.

$$3.14159265358979323846264338327950288$$

수학 마을 외곽에 있는 수학자들의 묘지에 가면 원주율의 값이 새겨진 그의 묘비를 볼 수 있을 것이다.

지금은 어떨까. 사람들은 여전히 원주율의 값을 계속 구하고 있을까? 다행히 지금은 컴퓨터가 있다. 2011년 일본의 50대 직장인 곤도 시게루 씨는 개인 컴퓨터를 이용하여 무려 소수점 아래 10조 자리까지의 원주율 값을 알아낸 바 있다. 그의 부인은 '컴퓨터의 열기 때문에 방 안 온도가 섭씨 40도까지 올라 널어 둔 세탁물이 빨리 말랐다'라고 전한다.

디저트 카페 라이프 오브 파이의 이름은 파이(π, pi)와 파이(pie) 모두를 사랑하는 주인장이 감명 깊게 읽은 소설책의 제목에서 따왔다고 한다. 영화로 만들어지기도 한 얀 마텔Yann Martel의 소설《라이프 오브 파이Life of Pi》의 주인공 이름 역시 '파이'인 것은 단지 우연일까?

소설의 주인공 '파이'의 원래 이름은 파리의 수영장 이름을 본뜬 '피신 몰리토piscine molitor'였다. 예나 이제나 아이들은 친구의 이름과 발음이 비슷한 별명을 지어서 부르고는 한다. '피신'은 오줌싸개라는 뜻인 '피싱pissing'과 발음이 비슷해서 우리의 주인공은 놀림거리가 되고 만다. 오줌싸개라고 불리다니 싫다. 주인공 피신은 자기 이름을 피신의 약자인 'pi(파이)'라고 불러 달라고 한다. 불러 달라고 순순히 부를까. 이때 피신은 '파이'라고 불리기 위해 파이 값을 외우기 시작한다. 칠판 4개에 빼곡히 피신이 외운 원주율의 값이 채워진다. 이제 피신은 더 이상 피신이 아니다. 그는 '전설의 파이'로 불리게 된다.

카페에 들어가면 네 벽면에 칠판이 걸려 있다. 누구든 자기가 외우고 있는 원주율의 값을 자유롭게 쓸 수 있게 한 주인장의 배려이다. 주인장도 손님이 없을 때는 칠판에 원주율의 값을 써 본다고 한다. '전설의 파이'도 아닌데 칠판 4개를 다 채울 수 있을까 걱정할 필요는 없다. 오히려 칠판이 모자랄 지경이라고, 카페를 정구십육각형으로 만들어 96개의 칠판을 걸었어야 한다고 우스개를 들려준다. 하지만 96개의 칠판이 있다고 해도 다 쓰지는 못할 것이다. 끝도 없으니 말이다.

이렇게 π 이야기를 나누며, 심심하면 칠판에 원주율의 값을 쓰면서 맛있는 파이를 먹을 수 있는 일석이조의 장소가 바로 디저트 카페 라이프 오브 파이다. 이곳의 인기 메뉴는 무엇일까? 314가지의 모든 파이가 맛있지만 특히 인기 있는 메뉴는 바로 'π 파이'이다.

'π 파이'는 중심에 π라는 문자를 새긴 파이로, 원의 둘레를 따라 원주율의 값이 새겨져 있다. 처음에는 한 줄로 빙 둘러 가며 새겼지만, 점점 더 많은 원주율의 값을 겹겹이 새겨 넣기 시작해서 만든 업그레이드 버전이 출시되고 있다. 아쉬운 점은 원주율의 값이 많이 새겨져 있을수록 가격이 비싸진다는 것이다. 그럼에도 불구하고 해마다 열리는 '파이 데이(π-day)'에는 더 많은 원주율의 값을 새겨서 파이를 만들어 달라는 주문이 쇄도한다고 한다.

파이 데이(π-day)는 프랑스의 수학자이자 선교사인 자르투Pierre Jartoux 가 원주율을 기념하기 위해 제정한 날이다. 언제일까? 말할 것도 없이 3월 14일이다. 원주율의 근삿값 3.14에서 아이디어를 얻지 않으면 어디에서 얻었겠는가. '3월 14일은 화이트데이'라고 말한다면 수학 마을에서는 화이트데이가 뭐냐는 질문이 돌아올 것이다. 그만큼 수학 마을에서는 3월 14일 파이 데이가 대세이다.

해마다 3월 14일이 되면 수학 마을에서는 π와 관련된 각종 행사가 열린다. 그리고 그 중심에 바로 이 디저트 카페가 있다. 당신이 우연히 이곳을 방문한 날이 3월 14일이면 좋겠지만 아니어도 상관은 없다. 라이프 오브 파이에서는 언제나 파이 이야기를 나눌 수 있기 때문이다. 맛있는 파이와 더불어.

파이 클럽(π–Club)

내가 외우고 있는 원주율의 값은 3.14까지이다. 디저트 카페에 들어가서 칠판에 적으려고 해 봤자 3.14가 고작이다. 하지만 맛있는 파이의 유혹을 물리칠 수가 없다. 더욱이 비둘기 고기를 먹은 뒤라면 더욱 그렇다.

카페 안에는 사람들이 복작거렸다. 파이가 구워지는 냄새와 커피 향기 속에 여기저기서 π 이야기를 나누는 소리가 들리고 있었다.

"원주율이 없는 세상을 생각해 봤어? 아, 나라면 그런 세상에서는 살고 싶지 않아."

"원주율이 없는 천국보다는 원주율로 가득한 지옥이 낫지."

"아, 내 생일이 3월 14일이면 얼마나 좋을까?"

"아인슈타인은 생일이 3월 14일이래. 정말 행운아야!"

"네가 외우고 있는 원주율의 값을 말해 봐. 그럼 네가 어떤 사람인지 말해 줄게."

"3.1415926535 8979323846 2643383279 5028841971 6939937510
5820974944 5923078164 0628620899 8628034825 3421170679
8214808651 3282306647 0938446095 5058223172 5359408128
4811174502 8410270193 8521105559 6446229489 5493038196
4428810975 6659334461 2847564823 3786783165 2712019091
4564856692 3460348610 4543266482 1339360726 0249141273
7245870066 0631558817 4881520920 9628292540 9171536436
7892590360 0113305305 4882046652 1384146951 9415116094
3305727036 5759591953 0921861173 8193261179 3105118548
0744623799 6274956735 1885752724 8912279381 8301194912
9833673362 4406566430 8602139494 6395224737 1907021798
6094370277 0539217176 2931767523 8467481846 7669405132
0005681271 4526356082 7785771342 7577896091 7363717872
1468440901 2249534301 4654958537 1050792279 6892589235
4201995611 2129021960 8640344181 5981362977 4771309960
5187072113 4999999837 2978049951 0597317328 1609631859
5024459455 3469083026 4252230825 3344685035 2619311881
7101000313 7838752886 5875332083 8142061717 7669147303
5982534904 2875546873 1159562863 8823537875 9375195778
1857780532 1712268066 1300192787 6611195909 2164201989
3809525720 ……."

"오, 너는 대단한 사람이야."

정말 대단한 사람들 틈에 들어와 버렸다. 다시 나갈까 하는 순간 주인장으로 보이는 사람이 메뉴판을 들고 다가왔다.

"주문하시겠습니까? 저희 카페에는 처음 오신 것 같네요."

"네. 그저 파이가 먹고 싶어서 왔을 뿐인데 잘못 왔나 싶어서 나가려던 중입니다. 사실 저는 π라면 3.14밖에 모르거든요."

"아, '파이 클럽(π-Club)' 사람들 때문에 당황하셨군요."

"파이 클럽이요?"

"네. 원래는 미국 하버드대학교, MIT와 영국 옥스퍼드대학교 등에서 수학을 전공한 학생들이 만든 클럽 이름이랍니다. 이들은 해마다 3월 14일에 파이 데이 기념행사를 열고는 했다지요. 하지만 수학을 사랑하고 π를 사랑하는 사람들이라면 누구나 자기만의 파이 클럽을 만들어 파이 데이를 준비할 수 있습니다. 우리 마을에도 파이 모임들이 많아요. 파이를 사랑하는 모임인 '파사모'도 있고, 'Why Pi'라는 모임도 있지요. 이건 월간 〈파이가 있는 풍경〉에 실린 기사랍니다."

메리 파이 데이(Merry π-day)!

3월 14일은 누구나 알고 있듯이 '파이 데이'이다. 우리 마을의 파이 클럽(π-Club)은 이날을 준비하기 위해 2주 전부터 조금씩 흥분하기 시작한다. 크리스마스 케이크를 미리 주문하는 것처럼 우리는 가능한 한 많은 원주율의 값이 새겨진 파이를 주문한다. 이 일은 언제나 설렌다.

크리스마스 캐럴이 거리에 울려 퍼지는 것처럼 우리의 거리에는 '파이 송Pi song'이 울려 퍼진다. 이 파이 송의 음원은 인터넷에서 언제나 검색이 가능해서 누구나 쉽게 들어 볼 수 있다. 몽환적인 리듬 속에 알파벳처럼 흐르는 원주율의 값을 가사로 하는 이 노래는 우리의 마음에 고요하고 거룩한 파문을 일으킨다.

3월 14일 아침이 밝아 온다. 파이 클럽 회원들은 들뜬 마음으로 아침을 맞이한다. MIT 합격 통지서는 3월 14일에 보내기 때문에 수험생들은 설레는 마음으로 3월 14일에 합격통지서를 기다리기도 한다. 모임 시간이 다가온다. 파이 클럽 회원들은 1시부터 카페에 몰려들어 담소를 나누기 시작한다. 오븐에서는 파이가 구워지고 카페에서는 π 이야기가 그칠 줄 모른다.

시간이 흐른다. 점차 사람들 사이에서 긴장과 흥분으로 가득한 침묵이 생긴다. 원주율의 값이 잔뜩 새겨진 파이가 카페 중앙 테이블에 놓인다. 째깍째깍 시간이 흐른다. 드디어 1시 59분. 사람들은 파이가 놓인 테이블에 원의 둘레처럼 모여든다. 째깍째깍 초침이 분주하다. 1시 59분 24초, 25초, 26초! 펑! 사람들은 샴페인을 터뜨리며 외친다. "메리 파이 데이!" 어떤 사람은 π를 위해 3분 14초 동안의 묵념을 제안하기도 한다. 그리고 다 같이 갓 구워진 파이를 나누어 먹으며 π 이야기와 π 관련 게임을 한다. 파이 데이의 시작이다. 파이가 있는 풍경은 이토록 아름답다.

"다 π와 관련된 숫자들이지요. 3.1415926······. 3월 14일에 모여 1시 59분 26초가 되면 이날을 기념하는 겁니다. 이제 손님도 3.14 이상 외우셨겠는데요. 3월 14일 1시 59분 26초. 3.1415926까지는 말입니다."

"그렇기는 한데 파이 클럽 모임이면 제가 방해가 되지 않을까요?"

"하하, 걱정 마세요. 여기는 디저트 카페잖아요. 원주율의 값을 외우는 장소는 아니지요. 그저 원주율 π를 사랑하는 사람들이 모이다 보니 이야기 주제가 대부분 π 이야기일 뿐인 겁니다. 아르키메데스 이야기도 하고, 정구십육각형을 그려 보기도 하고, 크기가 다른 파이를 주문해서 직접 원주율을 구해 보기도 하면서 즐기는 사람들이 모이는 장소지요. 취향에 따라 시를 짓기도 한답니다. 연예인 이야기보다 파이 이야기를 더 좋아할 뿐입니다. 누군가가 파이 초보자라고 하면 더 좋아해요. 자기가 좋아하는 걸 다른 사람에게도 전파하고 싶어서 안달이거든요. 이곳 주인으로서 저도 손님께서 여기에 머무는 동안 파이에 조금이라도 더 관심을 갖게 된다면 만족, 만족, 대만족이죠. 작년에도 손님처럼 이곳에 처음 방문한 분이 계셨는데 처음에는 머뭇거리다가 나중에는 별처럼 자리한 π에 대한 모방 시를 썼다며 저에게 주고 가시더군요. 감동이었어요."

"시가요?"

"그 마음이요."

주인장이 건네 준 시는 윤동주의 〈별 헤는 밤〉을 모방한 시였다.

별 헤는 밤	π 헤는 밤
윤동주	라이프 오브 파이
계절이 지나가는 하늘에는 가을로 가득 차 있습니다.	계절이 지나가는 하늘에는 π로 가득 차 있습니다.
나는 아무 걱정도 없이 가을 속의 별들을 다 헬 듯합니다.	나는 아무 걱정도 없이 가을 속의 π들을 다 헬 듯합니다.
가슴 속에 하나 둘 새겨지는 별을 이제 다 못 헤는 것은 쉬이 아침이 오는 까닭이요 내일 밤이 남은 까닭이요 아직 나의 청춘이 다 하지 않은 까 닭입니다.	가슴 속에 하나 둘 새겨지는 π를 이제 다 못 헤는 것은 쉬이 아침이 오는 까닭이요 내일 밤이 남은 까닭이요 아직 나의 청춘이 다 하지 않은 까 닭입니다.
별 하나에 추억과 별 하나에 사랑과 별 하나에 쓸쓸함과 별 하나에 동경과 별 하나에 시와 별 하나에 어머니, 어머니,	π 하나에 추억과 π 하나에 사랑과 π 하나에 쓸쓸함과 π 하나에 동경과 π 하나에 시와 π 하나에 아르키메데스, 아르키메 데스,
어머님, 나는 별 하나에 아름다운 말 한마디씩 불러 봅니다……(중략)	아르키메데스, 나는 π 하나에 아름다 운 수 하나씩 불러 봅니다……(중략)

이네들은 너무나 멀리 있습니다. 별이 아스라이 멀 듯이.	이네들은 너무나 멀리 있습니다. π가 아스라이 멀 듯이.
어머님, 그리고 당신은 멀리 북간도에 계십니다.	아르키메데스, 그리고 당신은 멀리 시라쿠사에 계십니다.
나는 무엇인지 그리워 이 많은 별빛이 내린 언덕 위에 내 이름자를 써 보고 흙으로 덮어 버리었습니다.	나는 무엇인지 그리워 이 많은 π가 내린 언덕 위에 내가 아는 π를 써 보고 흙으로 덮어 버리었습니다.
딴은 밤을 새워 우는 벌레는 부끄러운 이름을 슬퍼하는 까닭입니다.	딴은 밤을 새워 외는 π는 알지 못하는 π를 슬퍼하는 까닭입니다.
그러나 겨울이 지나고 나의 별에도 봄이 오면 무덤 위에 파란 잔디가 피어나듯이 내 이름자 묻힌 언덕 우에도 자랑처럼 풀이 무성할 거외다.	그러나 겨울이 지나고 나의 π에도 봄이 오면 무덤 위에 파란 잔디가 피어나듯이 내 이름자 묻힌 언덕 우에도 자랑처럼 π가 무성할 거외다.

그래, 세상은 다양하다. 나는 가입할 것 같지 않지만 세상에는 파이 클럽이라는 것이 존재한다. 누군가는 별을 헤아리고, 또 누군가는 π를 헤아린다. 그리고 나는 파이를 먹는다.

314가지 맛있는 파이 중에서 나는 3.1415926까지 새겨진 'π 파이'를 주문했다. 주인장이 특별히 나를 위해서 만들어 준 파이였다. 하마터면 3.14까지만 새겨질 뻔했지만 여기 있는 동안 좀 더 늘어서 다행이었다.

"따르릉 따 따르르릉."

카페에 있는 전화가 울렸다. 전화벨 소리도 π처럼 들리기 시작했다. 3음절, 1음절, 4음절.

주문 전화인 모양이다.

"네, 파이 배달 가능합니다. 네네, 'π 파이'로 8개요. 원주율의 값은 얼마나 새겨 드릴까요? 아, 세 줄이요. 알겠습니다. 주소가……. 아, '피보나치 씨 토끼 농장'이요? 주문하시는 분 성함은……. 아, 규칙적으로 증가하는 토끼 씨군요."

························· 이상하고 규칙적인 수학 마을로 가는 안내서 11

피보나치 씨 토끼 농장
-규칙적으로 증가하는 토끼는 어떻게 증가하는가

수학 마을을 여행 중이라면 '피보나치 씨'의 이름을 한두 번은 들어봤

을 것이다. 레오나르도 피보나치(1175~1250?)는 이탈리아 피사 출신으로 피사의 레오나르도 다빈치라고도 불리는 인물이다. 인도-아라비아 숫자를 유럽에 전파하여 그리스도교 여러 나라의 수학을 부흥시킨 인물이기도 하다. 그는 세계 방방곡곡을 여행하며 다양한 계산법 등을 정리하여 《산반서Liber abaci》라는 책을 쓰기도 했다. 《산반서》에 나오는 다음 문제는 한때 수학 마을에서 유행하여 아이들이 동요처럼 부르기도 했다.

로마로 가는 길에 7명의 늙은 여자가 있다.

각 여자는 7마리의 노새를 갖고 있다.

각 노새는 7개의 부대를 운반하고 있다.

각 부대에는 7개의 빵이 담겨 있다.

각 빵에는 7개의 칼이 함께 들어 있다.

각 칼은 7개의 칼집 속에 있다.

여자, 노새, 부대, 빵, 칼, 칼집을 모두 합해서

얼마나 많은 것들이 로마로 가는 길에 있을까?

이 문제는 고대 이집트의 수학 문제집이라고 할 수 있는 《아메스 파피루스》에서 그 원형을 살펴볼 수 있으니 시간이 된다면 수학 마을의 고서점을 방문하는 것도 좋을 것이다. 어쨌든 얼마나 많은 것들이 로마로 가는 길에 있을지 물었으니 '모든 길은 로마로 통한다'라고 눙치지 말고 계산을 한번 해 보기로 하자.

여자는 모두 7명이다. 7명의 여자들이 각각 7마리의 노새를 갖고 있으니 노새는 7×7, 즉 49마리나 된다. 49마리의 노새들은 또 각각 7개의 부대를 운반하고 있으니까 부대는 49×7=343개. 그런데 이런, 이 부대에는 또 7개의 빵들이 들어 있지 뭔가. 343개의 부대에 각각 7개의 빵이 들어 있다면 빵은 2401개다. 많기도 많다.

2401개의 빵에는 또 왜 그런지는 모르겠지만 칼이 7개씩이나 들어 있다. 빵 하나를 자르는 데 7개의 칼이 필요하지는 않겠지만 일단 계산을 계속하면 칼은 16807개나 된다. 칼 하나가 7개의 칼집에 어떻게 들어 있는지는 상상이 잘 안 되지만 그렇다고 하니 또 계산을 이어 가면 117649개의 칼집이 있다는 이야기. 자, 이제 모두 더하기만 하면 '얼마나 많은 것들'이 얼마인지 답이 나온다. 그렇다. 137256이다. 그런데 어딘가 규칙적인 흐름이 느껴지지 않는가.

여자	7명	7^1
노새	7×7마리	7^2
부대	7×7×7개	7^3
빵	7×7×7×7개	7^4
칼	7×7×7×7×7개	7^5
칼집	7×7×7×7×7×7개	7^6

나열된 수들을 찬찬히 들여다보라. 점차 7배씩 증가하는 모양새이지

않은가. 처음 수는 '7'이다. 그다음 수는 처음 수에서 7배가 늘어난 '7 ×7'이다. '7×7' 다음 수는 다시 7배가 늘어난 '7×7×7'이다. 각각 다음에 나오는 수가 그 앞의 수에 일정한 수를 곱한 것으로 이루어졌다. 나열된 수와 수들 사이에 일정한 규칙이 존재했던 것이다.

이렇게 일정한 규칙에 따라 배열된 수의 열을 '**수열**'이라고 한다. 뭐 그냥 **수**를 나열하기만 해도 수열이기는 하다. 하지만 수학 마을에서 주로 다루는 수열은 일반적으로 일정한 규칙을 가진 수열이다. 규칙을 찾는 재미가 있으니 말이다.

피보나치 씨의 《산반서》에는 또 다른 문제가 등장한다. 바로 그 유명한 '토끼는 어떻게 증가하는가' 하는 문제이다. 우리 마을에는 이 '토끼는 어떻게 증가하는가'를 직접 볼 수 있는 명소가 있다. 바로 '피보나치 씨 토끼 농장'이다.

1년 전 피보나치 씨는 토끼 1쌍을 농장에 데려왔다. 그전까지 농장에는 해바라기도 있고, 백합도 있고, 채송화도 있고, 금잔화도 있고, 코스모스도 있었지만 토끼는 없었다. 그냥 평범한 토끼였다. 토끼들은 피보나치 씨 농장에서 꽃향기를 맡으며 무럭무럭 자랐다. 그런데 그냥 평범한 토끼 1쌍이 아니었다. 이 토끼 1쌍은 기묘한 토끼 종족일지도 모른다. 2개월이 지나자 암수 1쌍의 새끼를 낳더니 그 뒤로 매달 똑같이 암수 1쌍의 새끼를 낳기 시작했다. 새끼들도 마찬가지였다. 태어나서 2개월이 지나면 그때부터는 매달 암수 토끼 1쌍을 낳기 시작하는 게 아닌가. 게다가 모두 건강했다. 새로 태어나는 토끼들은 아무도 죽지 않았다. 곧 피보나치 씨 농장은 규칙적으로 증가하는 토끼들로 넘쳐 나게 되었다.

처음에는 토돌이와 토순이, 토식이와 토숙이 하는 식으로 이름도 지어 주었지만, 곧 그만둘 수밖에 없었다. 너무나 규칙적으로 꾸준히 증가하다 보니 일일이 이름을 지어 주기도 어렵고, 어느 놈이 어느 놈인지 구별하기도 어려웠다. 그 뒤로 농장의 토끼들은 '규칙적으로 증가하는 토끼'라고 불리게 되었다. 물론 토끼들끼리는 자기가 몇 번째 서열인지를 알고 있어서 '규칙적으로 증가하는 토끼1', '규칙적으로 증가하는 토끼5' 등으로 서로를 부른다고 한다.

피보나치 씨 농장에는 토끼 청년이 산다. 토끼를 기르는 일을 하는 청년이다. 1년 전 농장에 토끼 1쌍이 왔을 때, 피보나치 씨는 청년을 불러 토끼 1쌍을 잘 길러 보라고 했다. 물론 이 토끼들의 기묘한 점도 이야기해 주었다. 청년은 갓 태어나 보송보송한 토끼 1쌍을 쓰다듬으며 피보나치 씨에게 물었다. "2개월이 지나면 그때부터는 매달 새끼를 낳을 수 있고, 새끼들도 2개월이 지나면 또 매달 또 새끼들을 낳을 수 있다면 1년 뒤에 우리 농장에는 얼마나 많은 토끼들이 있을까요?" 피보나치 씨는 직접 알아보라고 했다. 토끼 청년은 보송보송한 토끼 1쌍을 마냥 귀엽다는 듯이 바라보며 고개를 끄덕였다. 토끼 청년은 토끼 1쌍을 기르며 토끼들이 얼마나 증가하는지를 기록하기로 했다.

여기 토끼 청년의 '토끼 일지'가 있다.

처음	토끼 1쌍이 생겼다. 피보나치 씨 토끼 농장 최초의 토끼 1쌍이다. 귀엽다. **토돌이와 토순이**라고 이름을 지었다. 토돌이와 토순아, 무럭무럭 자라라.
1개월 후	농장에는 여전히 **토돌이와 토순이** 토끼 1쌍뿐이다. 꽃밭에서 자기들끼리 잘 놀고 있다. 귀여운 것들.
2개월 후	2개월이 지나자 **토돌이와 토순이** 이 최초의 토끼 1쌍이 새끼를 낳았다. 화목한 토끼 가족을 보고 있으니 내 마음도 행복해진다. 새끼 토끼들의 이름은 뭐라고 지을까 고민하다 그냥 **토식이와 토숙이**라고 부르기로 했다.
3개월 후	**토돌이와 토순이** 최초의 토끼 1쌍은 이제 매달 새끼를 낳는다. 이번 달에도 또 새끼들을 낳았다. 이 새끼들의 이름은 **토군과 토양**으로 지었다. 지난달에 태어난 새끼 토끼 **토식이와 토숙이**는 다음 달부터 새끼를 낳을 수 있을 것이다. 이제 우리 농상 토끼는 3쌍이 되었다.
4개월 후	**토돌이와 토순이** 최초의 토끼 1쌍이 당연하게도 또 새끼를 낳았다. 이 새끼들의 이름은 **토토와 토리**라고 지었다. 새끼 토끼 **토식이와 토숙이**도 드디어 2개월이 지나 새끼를 낳았다. 이 새끼들의 이름은 **토란과 토마토**라고 지었다. **토군과 토양**은 다행히 아직 새끼를 낳을 수 없다. 이제 농장에는 5쌍의 토끼들이 놀고 있다.
5개월 후	미치겠다. 토끼들이 자꾸자꾸 증가하고 있다. 그것도 규칙적으로 자꾸자꾸 증가하고 있다. **토돌이와 토순이** 최초의 토끼 1쌍은 또 토끼 새끼를 낳았다. 이 새끼들은 **토미와 토마**라고 이름을 지었다. **토식이와 토순이**도 또 토끼 새끼들을 낳았다. 이 새끼들은 **토요일과 일요일**로 부르기로 했다. **토군과 토양**도 2개월이 지났기 때문에 토끼 새끼들을 낳았다. 이 새끼들의 이름은 **토성과 목성**이다. 지난달에 태어난 **토토와 토리** 1쌍과 **토란과 토마토** 1쌍은 그나마 아직 새끼를 못 낳아 정말 다행이다. 8쌍의 토끼들이 바글대는 농장. 매달 태어나는 이 토끼 새끼들의 이름을 짓는 것도 이젠 어렵다. 짓는다고 해도 일일이 다 기억도 못할 것 같다. 그냥 '규칙적으로 증가하는 토끼'로 통일해 버릴까 하는 생각이 들기도 한다.
6개월 직전	나는 이제 토끼들의 이름을 짓는 일 따위 하지 않겠다. 그냥 이놈들이 규칙적으로 증가하는 것을 보고 오, 규칙적으로 증가하는 토끼구나, 하기로 했다. 그렇게 정하니까 마음이 한결 편하다. 농장이 토끼로 바글거려서 징그러워지려던 찰나였다. 처음에 토돌이와 토순이를 귀여워하던 내 모습을 잃어버렸었는데 마음을 비우니 다시 귀여워지려고 한다. 내일은 6개월째가 되는 날이다. 토끼들이 또 증가하겠지? 이번엔 몇 쌍으로 늘어나게 될까? 내일이 되면 알겠지. 이름은? 뭐 '그냥 규칙적으로 증가하는 토끼'들이다.

토끼 청년의 일지는 여기에서 끝난다.

이제 피보나치 씨 토끼 농장에 토돌이와 토순이 토끼 1쌍이 처음 온 지 1년이 지났다. 피보나치 씨가 토끼 청년을 불렀다. "1년 전 너는 나에게 1년 후에 토끼들이 몇 쌍으로 늘어날지를 물었다. 나는 너에게 직접 알아보라고 했지. 그래, 1년이 지난 지금, 우리 농장에 토끼 몇 쌍이 있지?"

토끼 청년은 대답할 수가 없었다. "5개월 후까지는 헤아렸지만 그 뒤로는 모르겠습니다. 1년이 지난 지금 토끼들이 너무 증가해서 일일이 세기도 힘듭니다"라고 솔직하게 말하며 자신의 '토끼 일지'를 내밀었다. 피보나치 씨는 씩 웃으며 이건 너무 정신이 없어서 자기도 헷갈린다고 솔직하게 말했다. 토돌이와 토순이, 토식이와 토숙이, 토군과 토양……. 너무 산만하다고 하며 차라리 그림으로 그려 보자고 했다.

피보나치 씨는 토끼 청년의 토끼 일지 뒷면에 일단 토끼 1쌍이 증가하는 조건들부터 정리하기 시작했다.

① 처음에 토끼 1쌍만이 있었다.

② 이 토끼 1쌍은 2개월 후부터 매달 토끼 1쌍씩을 낳는다.

③ 새로 태어난 새끼 토끼들도 2개월이 지나면 매달 토끼 1쌍씩을 낳는다.

④ 토끼들은 죽지 않는다.

그러더니 쓱쓱 토끼 그림들을 그려 나갔다. 여기 피보나치 씨가 그린 '토끼는 어떻게 증가하는가'를 보여 주는 그림이 있다.

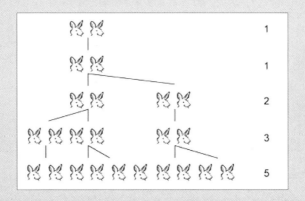

피보나치 씨는 토끼 1쌍이 증가하기 시작한 수를 늘어놓았다. 1, 1, 2, 3, 5……

"흠, 수열이군. 그것도 일정한 규칙이 있는 수열이야."

토끼 청년은 도무지 알아들을 수가 없었다. 저 수들의 나열 속에 무슨 규칙이 숨어 있다는 말인가.

"앞의 두 수의 합이 다음 수의 값과 같다는 규칙이지. 수열을 이루는 각각의 수를 '항'이라고 불러. 1, 1, 2, 3, 5……라는 수열에서 앞의 두 항을 더하면 바로 세 번째 항이 나와. 1+1=2. 이제 두 번째와 세 번째 항을 더하면 네 번째 항이 나오겠지? 1+2=3. 세 번째 항과 네 번째 항을 더하면 2+3=5, 바로 다섯 번째 항이 나와. 그럼 다섯 번째 항인 5 다음에는 어떤 수가 나올까. 3+5=8. 이게 바로 규칙의 힘이지."

토끼 청년은 몇 개월에 걸쳐 힘들게 일지를 쓰며 토끼 8쌍까지 헤아리다가 포기했었다. 하지만 이제 그가 헤아리기를 포기한 8쌍 다음에 토끼들이 몇 쌍으로 증가했을지 규칙의 힘으로 찾아낼 수가 있었다. 1, 1, 2, 3, 5, 8 다음에 나올 수는 바로 앞의 두 항 5+8의 합이지 않겠는가. 13쌍. 토끼 청년은 피보나치 씨가 알려 준 '토끼는 어떻게 증가하는가' 규칙에 따라 1년 뒤인 지금 농장에 토끼가 몇 쌍이나 있는지 수열을 완성시켰다.

$$1, \ 1, \ 2, \ 3, \ 5, \ 8, \ 13, \ 21, \ 34, \ 55, \ 89, \ 144, \ 233$$

토끼 청년은 피보나치 씨 토끼 농장에서 한가롭게 풀을 뜯고 있는 233쌍의 토끼들을 흐뭇하게 바라보았다. 그리고 '토끼는 어떻게 증가하는가'의 규칙, 앞의 두 수의 합이 바로 다음에 나올 수가 된다는 그 규칙에 따라 아름답게 나열된 수열을 '피보나치 수열'이라고 속으로 가만히 되뇌어 보았다.

피보나치 씨 토끼 농장에서는 지금도 여전히 토끼들이 규칙적으로 증가하고 있다. 그리고 우리 마을에서는 토끼들이 어떻게 증가하는지를 보여 준 그 수의 규칙성을 **'피보나치 수열'**이라고 이름 지어 피보나치 씨에 대한 경의를 표하고 있다. 당신이 피보나치 씨의 토끼 농장을 방문한다면 바로 눈앞에 펼쳐지는 피보나치 수열의 수들을 볼 수 있을 것이다. 그것도 자연의 아름다움 속에서 말이다.

숫자가 있는 풍경

피보나치 씨 농장에는 토끼들이 가득했다. 농장 울타리 주변에는 키가 큰 해바라기들이 태양을 향해 얼굴을 내밀고 있었다. 코스모스는 바람에 하늘거렸고, 키 작은 채송화는 옹기종기 아이들이 재잘거리듯 피어 있었다. 그리고 산들거리는 바람이 얼굴에 부드럽게 부딪히고, 따스한 햇살이 등을 간질이는 가운데 나는 운명처럼 규칙적으로 증가하는 토끼 씨와 다시 만났다.

"아, 구봉구 씨!"

규칙적으로 증가하는 토끼 씨가 말했다.

"아, 규칙적으로 증가하는 토끼 씨!"

내가 말했다.

규칙적으로 증가하는 토끼 씨는 수학 마을 도서관에서 나와 헤어지자마자 깡충깡충 피보나치 씨 농장으로 서둘러 돌아갔다. 타지 손님을 수학 마을에 초대하고서는 안내도 하지 않고 도망친 것 같아 마음이 무거웠지만 규칙적으로 증가할 시간에 늦을 수는 없었다. 매달 1쌍씩을 증가시켜야 하는데 그 시간이 다가왔던 것이다. 그리고 가까스로 시간에 맞게 농장에 도착하여 규칙적인 수열을 이루는 일을 막 끝마친 참이었다. 규칙적으로 증가하는 다른 토끼들과 나누어 먹을 파이를 주문하면서도 구봉구 씨가 못내 마음에 걸렸다. 이 맛있는 파이를 구봉구 씨에게도 맛보였어야 하는데. 미안함이 몰려들었다. 그때 운명처럼 내가 피보나치 씨 농장에, 규칙적인 토끼 씨 앞에 나타난 것이다.

나는 혼자서 씩씩하게 안내 책자를 벗 삼아 수학 마을 여기저기를 돌아다녔다. 그러다가 '라이프 오브 파이'에서 주인장이 갓 구워 낸 3.1415926 파이를 맛보았으며, 마침 피보나치 씨 농장으로 규칙적으로 증가하는 토끼 씨가 파이를 주문하는 통화 내용을 듣고는 파이 배달 오토바이 뒤에 실려 여기까지 왔다. 왜인지는 모르겠는데 오토바이가 바람을 가르는 소리에 문득 혼자 하는 여행이 외롭다는 생각이 들었다. 규칙적으로 증가하는 토끼 씨를 다시 만나고 싶어졌다. 피보나치 씨 농장은 아름다웠지만 토끼들이 너무 많았다. 233쌍의 토끼들 중에서 내가 아는 규칙적으로 증가하는 토끼 씨를 찾을 수 있을까 걱정하면서 농장 해바라기 울타리 주변을 서성이다 이렇게 운명처럼 토끼 씨를 만났다.

뭐 이런 식으로 우리는 각자의 근황을 이야기했다. 바람에 농장의 꽃향기들이 퍼지고 있었다. 우리는 산책 삼아 천천히 피보나치 씨 농장을 거닐었다.

"흠, 피보나치 수열의 냄새가 나는군요."

규칙적으로 증가하는 토끼 씨가 말했다. 나는 도저히 맡을 수 없는 냄새였다.

"피보나치 씨 농장의 핵심은 사실 규칙적으로 증가하는 토끼들이 아닙니다. 우리들은 그 일부일 뿐이지요. 핵심은 바로 이 농장이 피보나치 수열로 이루어져 있다는 데 있습니다. 우리는 자연에서 피보나치 수열을 볼 수 있답니다. 자연에도 수학적 질서가 자리하고 있습니다. 농장 주변에 있는 이 꽃잎들을 한번 보세요."

농장 주변에는 내가 아는 꽃부터 이름 모를 꽃까지 다양한 꽃들이 피어 있었다.

우리 발아래 백합과 채송화가 있었다. 백합은 3장의 꽃잎을 갖고 있었다. 채송화는 5장의 꽃잎을 갖고 있었다. 우리 엉덩이 근처에서 하늘거리는 코스모스는 꽃잎이 모두 8장이었다. 코스모스 옆 노란 금잔화는 13장이었다. 3장, 5장, 8장, 13장이라……. 어딘지 익숙한 수들이었다.

"피보나치 수열이지요. 치커리는 21장, 질경이는 34장의 꽃잎으로 이루어져 있답니다. 쑥부쟁이는 55장 또는 89장의 꽃잎을 갖고 있어요. 신기하지 않습니까? 이 작은 꽃잎들 속에도 피보나치 수열이 숨어 있다는 사실 말입니다."

"신기하네요. 왜 꽃잎들이 피보나치 수열을 이루는 거지요?"

내가 물었다.

"효율적인 생존 방식 같은 게 아닐까 합니다. 꽃잎들은 활짝 피기 전에 봉오리 형태로 꽃 안의 암술과 수술을 보호한답니다. 꽃잎들은 서로서로 겹쳐지며 안전하게 암술과 수술을 감싸 안습니다. 포근한 담요처럼 말이지요. 이때 꽃잎의 수가 피보나치 수열의 수를 이룰 때 가장 효율적으로 꽃잎을 겹칠 수 있다고 하더군요. 아, 해바라기! 해바라기에도 피보나치 수열이 숨어 있습니다. 아니, 대놓고 있다고 해야겠지요, 그걸 볼 수 있는 눈썰미만 있다면 말입니다."

나는 내 눈썰미를 총동원해서 해바라기를 노려보았다. 노란 꽃잎들 속에는 해바라기 씨들이 촘촘히 박혀 있었다. 가만히 노려보고 있자니 해바라기 씨들이 시계 방향으로 소용돌이치는 듯도 하고 시계 반대 방향으로 소용돌이치는 듯도 해서 눈앞이 어지러웠다.

"규칙적으로 증가하는 토끼 씨, 전 눈썰미가 없습니다. 저 촘촘한 해바라기 씨 때문에 사팔뜨기가 될 지경입니다."

"구봉구 씨, 바로 거기에 피보나치 수열의 묘미가 있습니다."

"사팔뜨기가 되는 거 말인가요?"

"아니, 해바라기 씨의 나선형 모양 말입니다. 해바라기 씨가 오른쪽, 왼쪽 두 방향으로 나선을 그리며 박혀 있지 않습니까? 재미있는 것은 한쪽 나선의 수가 21개이면 다른 쪽 나선의 수는 34개, 한쪽 나선의 수가 34개라면 다른 쪽은 55개라는 사실이죠. 모두 연속하는 2개의 피보나치 수들이지요. 이러한 나선형 배열은 좁은 공간에 최대한 많은 씨를 촘촘하게 배열해서 궂은 날씨에도 잘 견딜 수 있게 한 자연의 섭리랍니다."

토끼 씨의 말을 듣고 다시 눈썰미를 총동원해서 해바라기 씨의 나선형 모양을 오른쪽으로도 세어 보고 왼쪽으로도 세어 보았다. 눈은 빠질 듯했지만 신기했다. 피보나치 수열의 연속하는 두 수가 정말 2개의 나선 방향 속에 있었다. 문득 솔방울에도 눈이 갔다. 솔방울도 모양새가 오른쪽과 왼쪽으로 나선형 구조를 이루고 있었다. 왼쪽 나선 방향으로 13개, 오른쪽 나선 방향으로 8개가 배열되어 있다! 13과 8, 역시 연속하는 피보나치 수열의 수들이다.

"눈썰미가 아주 없지는 않군요, 봉구 씨. 나중에 파인애플도 한번 자세히 보세요. 거기에서도 피보나치 수열을 발견할 수 있을 겁니다. 그나저나 잠시 이 나무 그늘 아래에서 쉬고 가지 않으시겠습니까?"

해바라기 씨가 나선형으로 몇 줄이나 뻗어 나갔는지 오른쪽에서 보고 왼쪽에서 보느라 피곤해진 눈을 달랠 겸 나와 토끼 씨는 무성한 나뭇잎들 사이로 가느다란 햇살이 퍼지는 나무 둥치에 앉아 휴식을 취했다. 나무 둥치에서 갈라져 나온 나뭇가지는 처음에는 두 갈래, 세 갈래더니 위로 갈수록 점점 더 많은 가지들을 뻗고 있었다. 이상한 일이었다. 갈라져 뻗어 나간 나뭇가지들을 가만히 바라보았다. 1, 1, 2, 3, 5, 8, 13, 21……. 나뭇가지들도 피보나치 수열을 이루고 있었다.

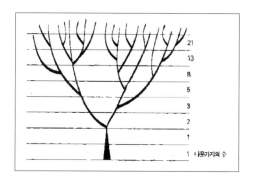

“규칙적으로 증가하는 토끼 씨, 혹시 나뭇가지에도 피보나치 수열이 숨어 있나요?”

규칙적으로 증가하는 토끼 씨는 빙긋 웃었다.

“봉구 씨, 갈수록 눈썰미가 좋아지는군요. 맞아요, 나뭇가지에도 피보나치 수열이 들어 있습니다. 한 줄기에서 나뭇가지가 두 갈래로 갈라지기 시작하죠. 새로 나온 나뭇가지는 원래의 나뭇가지가 다시 갈라질 때까지는 갈라지지 않고 쉬고 있습니다. 그리고 다시 갈라지지요. 토끼가 증가하는 방식과 마찬가지로 말입니다. 나뭇가지에서 잎이 돋을 때도 마찬가지랍니다. 나뭇가지에서 잎이 나와 배열되는 방식을 ‘잎차례’라고 부릅니다. 이 잎차례도 피보나치 수열을 따르고 있습니다. 나뭇잎들이 이런 방식으로 배열되면 새로 나오는 나뭇잎이 아래의 나뭇잎을 가리지 않고 엇갈려 배열되기 때문에 햇빛을 최대한 많이 받을 수 있는 겁니다."

꽃잎에, 해바라기 씨에, 나뭇가지에, 그러니까 모든 자연의 질서에 바로 피보나치 수열이 숨어 있었다. 자연과 수학이 아름답게 공존하고 있는 것이다. 그 아름다움에 취한 탓은 아니지만 나무 그늘에 앉아 규칙적으로 증가하는 토끼 씨의 이야기를 듣고 있자니 살짝 졸음이 몰려온다. 현실과의 경계가 흐릿해지려는 찰나 꿈결처럼 피아노 선율이 희미하게 귀를 간질였다.

"피아노 소리가 들리네요. 피아노 건반은 한 옥타브 안에 검은 건반 5개, 흰 건반 8개, 모두 13개가 있지요. 피보나치 수열의 숫자들입니다. 아, 5와 8이라, 황금비가 생각나는군요. 그녀도 황금비를 지닌 8등신 미녀였지요."

규칙적으로 증가하는 토끼 씨의 말이 아득해지고 있었다.

규칙적으로 증가하는
토끼 씨의 첫사랑

good Idea "그녀다! 그녀가 저기 있어요!"

규칙적으로 증가하는 토끼 씨가 갑자기 큰소리를 지르는 바람에 잠에서 깨어났다. 토끼 씨가 호들갑을 떨며 가리키는 방향에는 정오각형 모양의 정자가 있었다. 5개의 기둥에 둘러싸인 정자 한가운데에서 하얀 토끼가 피아노를 치고 있었다. 눈처럼 새하얀 토끼였다.

"첫사랑이었습니다. 처음 본 순간 세상이 온통 하얗게 변했어요. 그리스 조각상이 그대로 튀어나온 줄 알았지 뭡니까. 밀로의 비너스 조각상을 보는 것 같았지요. 저 완벽한 비율이라니. 머리부터 배꼽까지의 길이와 배꼽부터 발까지의 길이가 마치 검은 건반과 흰 건반의 수처럼 조화를 이루고 있어요. 약 5:8의 비입니다. 5:8을 1을 기준으로 바꾸어 보면 1:1.6이 나오지요. 네, 그래요, 바로 황금비입니다! 피타고라스가 말한 바로 그 완벽하게 안정적이고 완벽하게 균형적인 황금비. 그녀는 정오각형처럼 완벽해요."

"정오각형처럼 완벽해요?"

"피타고라스가 누구인지는 알죠? 그 유명한 고대 그리스의 수학자를 모를 리는 없겠지요. 피타고라스는 정오각형에서 황금비를 발견했어요. 정오각형의 각 꼭짓점을 서로 연결하면 별이 만들어집니다. 이 정오각형별에서 짧은 선과 긴 선의 길이의 비는 약 5:8을 이룬답니다. 짧은 선을 1로 본다면 긴 선은 1.6이 되는 비예요. 정오각형의 각 대각선이 서로 만나는 부분들을 잘 보세요. 한쪽은 짧고 다른 한쪽은 조금 길게 나누어지지요. 약 5:8=1:1.6의 비로 대각선을 분할하고 있습니다. 이것이 바로 황금비로 나누어진 황금 분할입니다. 이렇게 서로를 황금비로 분할하면서 가운데에 또 작은 오각형을 만들고 있습니다.

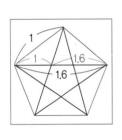

'황금비'라는 개념은 이렇게 생겨난 겁니다. 이후 이론적으로 구체화되었지요. 황금비와 황금 분할에 대해 좀 더 알려 드릴까요? 한 선분을 '전체 선분과 긴 선분의 비比'가 '긴 선분과 짧은 선분의 비'와 같도록 나눈 것이 황금 분할이고, 이때 그 비가 황금비라고 생각하시면 됩니다.

여기 한 선분 AB가 있다고 해 보지요. 그리고 이 선분 AB의 길이를 x:1로 나눈 부분을 점 C라고 합시다.

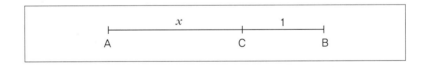

이때, 전체 선분 AB 와 긴 선분 AC의 길이 비가 긴 선분 AC와 짧은

선분 BC의 길이 비와 같다면, 점 C는 선분 AB를 황금 분할한 것이고, x:1이 바로 황금비에 해당되는 겁니다.

(전체 선분의 길이) : (긴 선분의 길이) = (긴 선분의 길이) : (짧은 선분의 길이)

$$\overline{AB} \quad : \quad \overline{AC} \quad = \quad \overline{AC} \quad : \quad \overline{BC}$$

$$(x+1) \quad : \quad x \quad = \quad x \quad : \quad 1$$

자, 이렇게 해서 x의 값을 계산하면 $x=\dfrac{1\pm\sqrt{5}}{2}$가 나옵니다. x는 선분의 길이이므로 음수가 될 수는 없으니 정확한 값은 $x=\dfrac{1+\sqrt{5}}{2}$가 되겠지요. 소수로 나타내면 1.618033989…… 이렇게 무한히 이어지는 값이랍니다. 이 중 소수 셋째 자리까지만 취한 1.618을 써서 **1:1.618**을 흔히 황금비라고 부른답니다.

피타고라스는 이 황금비를 인간이 생각하는 가장 아름다운 비라고 여겼어요. 아름다움이란 비례와 질서와 조화에서 나온다고 생각했지요. 실제로 사람들은 사람이나 사물이 이 황금비를 이룰 때 시각적으로 가장 안정적이고 균형 잡힌 아름다움을 느낀다고 하더군요. 그 아름다운 황금비가 바로 정오각형 안에 들어 있었던 겁니다. 그러니 황금비를 지닌 그녀도 정오각형처럼 완벽할 수밖에요. 그녀가 여기 피보나치 씨 농장에 있는 것도 우연은 아닐 겁니다. 운명이지요. 피보나치 수열에서도 황금비를 볼 수 있으니 말입니다."

해바라기를 다시 봐야 하는 걸까, 아니면 나뭇가지가 어떻게 뻗어 나갔는지를 다시 봐야 하는 걸까? 내가 농장의 식물들을 두리번거리자 규칙적으로 증가하는 토끼 씨가 다시 말을 이었다.

"피보나치 수열입니다. 1, 1, 2, 3, 5, 8, 13, 21, 34, 55, 89, 144, 233…… 이제 이 수열에서 연속하는 두 항의 비의 값을 계산해 보세요.

$$1 \div 1 = 1,\ 2 \div 1 = 2,\ 3 \div 2 = 1.5,\ 5 \div 3 = 1.666 \cdots\cdots 233 \div 144 = 1.618 \cdots\cdots$$

어때요, 뒤로 갈수록 계산 결과가 황금 비율에 가까워지는 게 보이십니까? 피보나치 수열 안에도 황금 비율이 그 모습을 은근히 드러내고 있습니다. 그녀가 저에게 은근히 모습을 드러내는 것처럼 말이지요."

말을 마친 후 규칙적으로 증가하는 토끼 씨는 그리움이 가득한 눈길로 피아노를 치는 눈처럼 하얀 토끼를 바라보았다.

"그래서 토끼 씨의 첫사랑은 이루어졌나요?"

"그녀는 가장 안정적이고 가장 균형 잡힌 비율에만 관심을 보였어요. 저 같은 비율을 지닌 토끼는 안중에도 없었지요. 제가 유머 감각은 좀 있지만 불행히도 다리가 너무 짧아요. 놀라울 정도로요."

그랬다. 규칙적으로 증가하는 토끼 씨의 다리는 놀랍도록 짧았다. 눈처럼 하얀 황금 비율의 토끼 처자는 놀랍도록 다리가 짧은 규칙적으로 증가하는 토끼 씨는 눈에 들어오지 않는 도도한 미녀였던 모양이다.

"그렇다고 그녀가 외모만 중시했다는 소리는 아닙니다. 그저 남들보다 황금비에 더 집착했을 뿐이었어요. 우리는 좋은 친구로 지낼 수 있었습니다만 그 이상도 이하도 아니었지요. 얼마 후 그녀는 황금비를 지닌 것에 마음을 빼앗기고 말았습니다. 그래서 저는 오늘처럼 가끔 먼발치에서 그녀를 보게 되면 저에게 없는 황금비를 그리워하듯 그녀를 바라보며 한숨지을 뿐이지요."

토끼 처자의 마음을 빼앗은 '황금비를 지닌 것'이란 대체 무엇일까? 농장 어딘가에 황금비를 지닌 또 다른 규칙적으로 증가하는 토끼 씨가 있는 것일까?

"그녀의 마음을 차지한 황금비를 지닌 것은 2가지였습니다. 휴대폰과 신용카드지요. 휴대폰과 신용카드는 가로, 세로 길이의 비가 황금비에 가깝다더군요. 그래서 그녀는 휴대폰을 만지작거리며 호호거리고, 신용카드를 긁으며 흐뭇해한답니다. 저는 아무래도 휴대폰과 신용카드는 이겨 낼 재간이 없습니다."

"완전히 마음을 비우신 건가요?"

그때 눈처럼 하얀 토끼 처자가 피아노 연주를 마치고 규칙적으로 증가하는 토끼 씨를 향해 손을 흔들었다. 규칙적으로 증가하는 토끼 씨의 애틋한 눈빛이 반짝거렸다.

"사실, 은근히 희망도 품고 있습니다. 요즘에는 그녀가 책에 관심을 보이고 있거든요. 저한테 이것저것 책에 대해서 물어 오고 있습니다. 책의 가로, 세로 길이의 비도 황금비에 가깝게 만들고 있지요. 마침 그녀가 부탁한 책이 있어서 수학 마을 고서점에 가려고 하는데 같이 가시겠어요?"

수학 마을 고서점
- 공간을 넘나드는 기하학의 세계를 만나다

수학 마을에는 오래되고 진귀한 수학책들이 진열되어 있는 고서점이 있다. 이 서점의 이름은 단순하다. **'수학 마을 고서점'**이다. 고서점에 들어서면 오래된 책 냄새가 난다. 그중 가장 오래된 책 냄새를 찾아 서성이다 보면 가장 안쪽 벽 앞에 다다르게 된다. 그 벽면에 놓인 거대한 진열장 안에 세상에서 가장 오래된 수학책이 진열되어 있다. 《아메스 파피루스》이다.

1858년 겨울, 스코틀랜드의 고고학자 알렉산더 린드Alexander H. Rhind 박사는 이집트의 고대 도시 테베의 거리를 걷고 있었다. 저녁 무렵이었을지도 모른다. 폐허가 된 고대의 유물들이 그의 마음을 아프게 했을

지도 모르겠다. 위대한 왕국의 붕괴, 위대한 도시의 퇴색을 뒤로 하고 작은 골동품 가게로 들어갔을지도 모를 일이다. 그리고 그곳에서 운명처럼 어떤 파피루스를 만나게 된다. 테베의 어느 폐허에서 발견되었다는 길이 5미터, 폭 30센티미터쯤 되는 오래된 파피루스의 일부분이었다. 놀랍게도 파피루스에는 수학 문제가 빼곡하게 기록되어 있었다. 린드 박사가 구입한 이 파피루스는 이집트의 왕 람세스 2세Ramesses II의 무덤인 라메세움에서 나온 것으로 밝혀졌다. 사람들은 린드 박사의 이름을 따서 이것을 《린드 파피루스Rhind Papyrus》라고 부르기도 한다.

그나저나 이 오래된 파피루스 수학 문제집의 저자는 누구였을까? 고대 이집트에서는 왜 수학 문제를 파피루스에 남겼던 것일까? 고대 이집트, 나일 강의 수호를 받는 그곳으로 거슬러 올라가 보자.

고대 이집트는 나일 강의 축복을 받은 풍요로운 땅이었다. 그러나 나일 강이 범람하면서 기껏 정비해 둔 토지의 경계가 사라지는 일이 자주 일어났다. 왕국은 사라진 토지의 넓이를 새로 측정해서 사람들에게 원래대로 돌려주어야 했다. 허물어진 토지의 경계는 직선으로만 남아 있지 않고 곡선의 형태를 띠기도 해서 왕국은 원의 넓이까지 구해야 하는 문제에 종종 부딪혔다. 바로 이러한 삶의 문제에 수학이 개입하기 시작했다. 토지 측량을 위해 도형을 연구하는 일, '기하학'이 시작된 것이다.

기원전 1650년경 이집트 왕국의 서기 '아메스'는 파피루스에 이러한 이야기들을 기록해 두었다. 왕국의 모든 문제를 해결할 수 있는 이야기, 숫자로 이루어진 이야기, 수학으로 이루어진 삶의 이야기. 그는 파피루스에 삼각형, 사각형, 원 같은 도형의 넓이와 원기둥, 피라미드의 부피를 구하는 법, 단위분수의 계산과 일차 방정식 등 84개의 문제를 기록했다. 이 파피루스가 《아메스 파피루스》라고도 불리는 이유다.

《아메스 파피루스》 앞에서 세상에서 가장 오래된 수학책의 냄새를 맡았다면 이제 고개를 오른쪽으로 돌려 스테디셀러 서가를 살펴보기 바란다. 우리 수학 마을에서 제일 많이 판매되고 있으며, 지금도 여전히 인기를 누리고 있는 책, 베스트셀러이자 스테디셀러인 그 책, 수학계의 성서라고 할 수 있는 그 책이 바로 거기 꽂혀 있다. 그렇다. 유클리드Euclid Alexandreiae의 《원론Elements》이다.

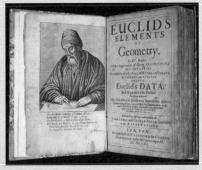

1570년 처음 영문으로 번역된 유클리드의 《원론》

탈레스, 피타고라스의 뒤를 이어 고대 그리스 수학의 황금기를 가져온, 그 이름이 바로 기하학 그 자체인 유클리드. 그는 기하학을 집대성하고 엄밀한 이론 체계로 무장시킨 인물이었다. 유클리드는 알렉산드리아의 왕 프톨레마이오스 1세에게 기하학을 가르치기도 하였다.

어느 날, 프톨레마이오스 1세Ptolemaeos I는 기하학이 너무 어렵게 느껴진 나머지 스승인 유클리드에게 질문을 던진다. 나는 왕이지 않은가. 모든 것들이 다 나에게 무릎을 꿇는다. 내가 가는 모든 길에서 자갈들을 골라내지 않는가 말이다. 이런 왕인 나에게 기하학 역시 쉽게 배울 수 있도록 길을 마련해 줄 수는 없겠는가. 빠르고 쉽게 기하학으로 가는 길을 내어 다오. 유클리드는 왕을 잠시 바라보고 고개를 가로젓는다. 폐하, 기하학에 왕도는 없습니다.

기하학에는, 모든 배움에는 왕이라고 해서 더 편하게 갈 수 있는 길은 없다. 조금씩 본질을 향해 자신의 힘으로 나아갈 수밖에 없다. 그 기하학으로 나아가는 길에 초석을 깔아 준 책이 바로 유클리드의《원론》이며, 2000여 년이 지난 지금도 기하학계의 성서로 자리매김하고 있다. 아인슈타인이나 러셀 같은 유명한 학자들도 어릴 때《원론》을 읽고는 첫사랑처럼 빠져들었다고 했고, 링컨 대통령도 젊은 시절《원론》공부에 시간 가는 줄 몰랐다고 한다. 그 정도로 유클리드의 이 책은 세계적으로 명성이 자자하며, 많은 이들에게 영향을 끼쳤다. 로맨스는 수학과의 만남에서도 일어나는 법이다.

유클리드의《원론》을 읽으면서 첫사랑의 감정에 빠지는 일은 독자 개개인에게 맡기겠다. 우선 여기에서는 기하학이라는 거대한 건물의 주춧돌이라고 할 수 있는 '5개의 공리公理'를 소개하고자 한다.

'공리'라는 것은 자명한 명제, 즉 딱히 증명의 과정이 필요 없는 명확한 명제를 일컫는 용어이다. 이것이 전제되어야 그 바탕 위에 기하학을 세워 나갈 수가 있다. 유클리드가 밝힌 5개의 공리는 다음과 같다.

1. 한 점에서 다른 한 점을 연결하는 직선은 단 하나뿐이다.

2. 선분을 양끝으로 얼마든지 길이를 연장할 수 있다.

3. 한 점을 중심으로 임의의 길이를 반지름으로 하는 원을 그릴 수 있다.

4. 모든 직각은 서로 같다.

5. 두 직선이 한 직선과 만날 때, 같은 쪽에 있는 두 내각의 합($\alpha+\beta$)이 180도($°$)보다 작으면 이 두 직선을 연장할 때 180도보다 작은 내각을 이루는 쪽에서 반드시 만난다.

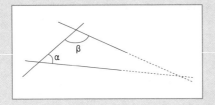

뻔한 거 아니냐고 한다면 그렇다. 뻔하다. 그러니까 공리가 될 수 있는 것이다. 너무 당연해서 증명할 필요도 없는 기본 전제 조건이니 말이다. 그런데 5번 공리는 어딘가 의심이 든다. 일단 너무 길다. 다른 공리들처럼 간단명료하지 않다. 이해 속도가 느린 사람은 위와 같이 그림을 보고난 후에야 아하, 그렇구나 할지도 모른다. 이 다섯 번째 공리를 다르게 설명하면 '직선 밖의 한 점을 지나며 이 직선에 평행한 직선은 오직 1개뿐이다'라고도 할 수 있다. 짧게 줄여 '평행선 공리'라고 불리는 이 명제는 긴 세월이 지난 후에 심각한 도전을 받게 된다. 유클리드의 《원론》을 읽은 수학자들은 이 다섯 번째 공리를 증명하려고 노력하기 시작했다. 이 노력은 과연 결실을 맺었을까?

유클리드의 《원론》이 놓인 스테디셀러 서가 옆에는 '주목받는 신간' 서가가 있다. 신간이라고는 하지만 유클리드에 비해서 신간이라는 의미로 봐야 할 것이다. 어쨌든 고서점이니 19세기 무렵에 나온 책들도 신간이 될 수 있는 곳이다. 이 '주목받는 신간' 서가의 한편을 차지하고 있는 것이 비非유클리드 기하학 관련 서적이다.

이 서가에서는 로바체프스키N. Lobachevskii, 가우스C. F. Gauss, 보여이J. Bolyai, 리만G. F. B. Riemann 같은 수학자들의 관련 서적을 볼 수 있다. 이들은 유클리드 기하학에서 등장하는 평행선 공리를 부정하면서 출발하여 결국 나머지 다른 공리들과는 모순되지 않는 새로운 기하학의 체계를 마련했다. 가우스는 이 새로운 기하학에 대한 생각을 공식적으로 발표하지는 않았다. 그러나 로바체프스키, 보여이 등이 이에 대한 논문을 발표하면서 세상에 알려졌다. 2000년 이상 경전으로 자리해 온 유클리드 기하학의 평행선 공리를 부정함으로써 발견된 새로운 기하학을 우리는 '비非유클리드 기하학'이라고 부른다.

'직선 밖의 한 점을 지나면서 이 직선에 평행한 직선은 오직 하나뿐이며, 이 평행선은 아무리 연장해도 절대 만날 수 없다'라는 평행선 공리는 어떻게 깨졌을까? 간단하다. 평면에서의 문제를 평면이 아닌 공간에서의 문제로 확대하면 된다.

지구를 생각해 보자. 지구는 구면이다. 이 지구에 평행선을 그릴 수 있을까? 왼쪽 그림과 같이 동그란 지구 위에 직선을 그려도 결국 굽을 수밖에 없다. 길이도 무한정 연장할 수 없다.

즉 지구 같은 구면에서는 직선 밖의 한 점을 지나면서 이 직선과 평행한 직선은 그릴 수 없다는 이야기가 된다. 지구본의 세로선인 경선처럼 구면에서는 어느 지점에서인가 반드시 만날 수밖에 없다. 심지어 삼각형의 세 내각의 합은 우리가 알고 있듯이 180도가 아니라 180도가 넘는다. 볼록렌즈로 바라보는 것처럼 말이다. 이렇게 구면에서 다루는 기하학을 '구면(타원) 기하학', 이를 연구한 수학자 리만의 이름을 따서 '**리만 기하학**Riemannian geometry'이라고도 부른다.

이번에는 옆의 그림처럼 말안장처럼 생긴 곡면을 지닌 공간을 생각해 보자. 가운데는 좁고 가장자리로 갈수록 넓어지는 이 쌍곡선의 공간에서는 무수히 많은 평행선을 그을 수 있다. 공간이 휘어지기 때문이다. 심지어 삼각형의 세 내각의 합은 180도보다 작다. 오목렌즈로 바라보는 것처럼 말이다. 이러한 쌍곡선 공간에서 다루는 기하학을 '쌍곡선 기하학', 이를 연구한 수학자 이름을 따서 '**로바체프스키 기하학**Lobachevskian geometry'이라고도 부른다.

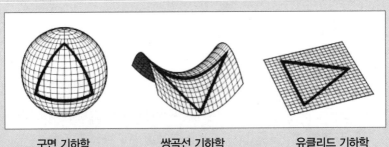

구면 기하학   쌍곡선 기하학   유클리드 기하학

정말이지 세상은 넓고 기하학은 많다. 한 공간에서의 진실이 다른 공간에서도 진실인 것은 아니다. 수학 마을 고서점에서는 이토록 다양한 세계를 만날 수 있다.

구봉구는 어쩌다
수학을 아름답다 하는가

"1+1=2라는 우리의 믿음은 깨지지 않을 것이다",
라고 버트란드 러셀이 말했다.

– 마음에 들어.
– 뭐가?
– 1+1=2라는 게, 그 믿음이 깨지지 않은 게, 그 믿음을 증명한 게.

모래알을 세는 사람

 "세상의 모든 지식의 문으로 들어가는 열쇠,

그것은 수학이다."

가장 오래된 책 냄새를 따라 고서점 안을 돌아다니다 드디어 《아메스 파피루스》를 찾았다. 이 오래되고 거대한 파피루스 앞에서 규칙적으로 증가하는 토끼 씨는 동그랗고 빨간 눈을 빛내며 조용히 열광하고 있었다.

"저 문장은 《아메스 파피루스》에 새겨진 서문입니다. 아메스는 모든 일과 사물에 대한 완전하고 철저한 연구, 모든 비밀에 대한 지식을 제공하고자 이 책을 쓴다고 밝혔지요. 고대 이집트에서 서기는 봉구 씨가 생각하듯 글을 옮기는 그런 단순한 서기가 아니랍니다. 왕국을 유지하고 번영시켜야 하는 일을 맡은 고위 관리였습니다. 재산을 파악하고, 세금을 매기고 징수하는 일도 했지요. 나일 강 범람으로 생긴 경작지 면적을 다시 계산하는 일도 이들이 했답니다. 이것들은 다 수학과 관련이 있고, 따라서 수학을 한다는 것은 권력의 상징이기도 했습니다. 그 서기 아메스가 남긴 인류 최초의 수학책이 바로 여기 있습니다! 이 문제를 보십시오. '10개의 빵을 9명의 사람에게 공평하게 나누어 주는 방법은 무엇일까?' 생활 밀착형 수학 문제집이기도 하지요. 봉구 씨도 풀어 보시겠습니까? 아, 저기에는 유클리드 《원론》이 있군요. 제가 제일 좋아하는 책이지요. 매일 밤 성경처럼 한 소절씩 읽고 있습니다. 봉구 씨도 읽어 보시겠어요?"

나는 그냥 고개를 절레절레 흔들었다. 고서점은 규칙적으로 증가하는 토끼 씨를 필요 이상으로 흥분시키고 있다. 안정이 필요하다. 게다가 《이상하고 규칙적인 수학 마을로 가는 안내서》에서 이미 머리 아프게 이 고서점의 책들에 대해서 읽은 터라 나에게도 안정이 필요하다. 우리가 고서점에 온 이유를 떠올리려고 했다. 분명 거대 파피루스나 기하학 관련 책을 보려고 온 것은 아니었는데 도대체 우리가 여기에 왜 왔지? 그렇지, 토끼 처자!

"저, 규칙적으로 증가하는 토끼 씨. 이 고서점에는 그녀가 부탁한 책을 구하러 온 거 아니었나요?"

《아메스 파피루스》 향기에 취해 비틀거리며 유클리드의 《원론》을 향해 다가가던 규칙적으로 증가하는 토끼 씨는 내 말에 정신이 번쩍 든 모양이다.

"아, 그렇지. 제가 서점에만 오면 흥분하는 경향이 있어서 그만 깜박했네요. 어디 보자, 저쯤에 있으려나."

규칙적으로 증가하는 토끼 씨는 《아메스 파피루스》를 지나 유클리드의 《원론》이 꽂혀 있는 스테디셀러 서가 사이의 미로 같은 곳으로 들어가더니 작고 낡은 책을 들고 나왔다. 세월의 먼지가 자욱했다. 툭툭 먼지를 털어 내는 규칙적으로 증가하는 토끼 씨의 얼굴에도 회색 먼지들이 들러붙었다. 먼지들을 치우자 괴상한 글자로 쓰인 책의 제목이 눈에 들어왔다. 《Αρχιμήδης Ψαμμίτης》

"찾았습니다! 아르키메데스의 《모래알을 세는 사람》이라는 책입니다."

사막이다. 사막은 모래로 가득하다. 어디를 봐도 모래밖에 없다. 한 사나이가 있다. 그는 사막의 모래를 물끄러미 바라본다. 손으로 한 줌 잡더니 손가락 사이로 흘려보낸다. 모래 몇 알이 그의 손가락에 붙어 있다. 이 모래알들을 셀 수 있을까. 사나이는 사막의 끄트머리에서 모래알을 세기로 한다. 한 알씩, 한 알씩. 헤아린 모래알은 옆으로 밀어 둔다. 언젠가 이 모래알을 다 헤아리면 이 사막에 더 이상 모래는 없을 것이다. 그리고 사나이의 옆으로 새로운 사막이 생겨날 것이다. 사나이는 지금도 모래를 세고 있다. 사막은 아직도 모래로 가득하다.

"무슨 생각을 하고 계십니까?"
규칙적으로 증가하는 토끼 씨가 호기심 가득한 눈으로 물었다.
"사막에서 모래알을 세고 있는 외로운 남자에 대해서 생각하고 있었어요."
내가 말했다.
"아르키메데스의 《모래알을 세는 사람》과는 다르네요. 아르키메데스는 시칠리아에 있는 시라쿠사 사람입니다. 어느 날 시라쿠사의 겔론 국왕이 모래알은 셀 수 없는 무한의 것이라는 말을 하지요. 아르키메데스의 생각은 달랐습니다. 모래알은 무한한 것이 아니라 우리가 셀 수 없는 아주 큰 수일 뿐이라는 거지요. 우리가 그 수에 적절한 이름만 붙일 수 있다면 말입니다. 그는 우주 전체를 모래알로 가득 채울 때, 그 모래알의 수가 얼마나 될지를 이 책에서 다루고 있답니다. 우리가 생각할 수 없는 아주 큰 수를 보여 주기 위해서 말이지요. 당시의 지식을 바탕으로 우주의 크기를 측정한 그는 우주 전체를 모래알로 가득 채울 때 모래알의 수는 8×10^{63}개가 될 것이라고 말합니다. 이 책에는 그런 이야기가 담겨 있지요. 모래알을 세는 외로운 남자보다는 우주를 모래알로 채우고 그 수를 밝혀내는 수학자의 모습으로 말입니다."

규칙적으로 증가하는 토끼 씨는 고서점 카운터로 향하더니 《모래알을 세는 사람》을 구입했다.

"그녀에게 이 책을 선물하려고 합니다. 그리고 데이트 신청도 해야겠지요. 그녀가 이 책을 다 읽으면 함께 이 책을 들고 수학자들의 묘지에 가서 아르키메데스의 묘비도 볼 계획입니다. 낭만적이지 않나요?"

별로 낭만적인 것 같지는 않았다. 그래도 규칙적으로 증가하는 토끼 씨의 기분에 찬물을 끼얹을 수는 없다. 왠지 낭만적이라는 말을 해 주어야 할 것 같다.

"네, 나……낭……."

내가 더듬거리는 사이에 고서점 주인이 끼어들었다.

"낭만적이네요. 여기 데이트를 더 낭만적으로 만들어 드릴 별책 부록 '예언함'도 챙겨 가셔야죠."

고서점 주인이 《모래알을 세는 사람》을 구입한 사람에게만 준다는 별책 부록 '예언함'을 내밀었다.

낭만적인 함수 상자

 "낭만적인 별책 부록을 얻었습니다."

규칙적으로 증가하는 토끼 씨가 낭만적인 눈으로 '예언함'을 바라보며 낭만적인 웃음을 띠었다.

별책 부록이라는 '예언함'은 가로와 세로의 길이가 1:1.618의 황금비를 이루고 있었다. 하지만 글쎄, 별로 낭만적으로 보이지는 않았다. 그러니까, 그건 그냥 '상자'였다. 세상 어디에서나 볼 수 있는 그런 흔하고 흔한 상자. 그래도 명색이 예언함이라고 이런 글이 쓰여 있었다.

이 예언함이라는 게 점치는 상자인 걸까?

"이 예언함은 점치는 상자가 아니랍니다. 일종의 해석 도구라고 할 수 있지요. 세상의 모든 것들은 이런저런 관계 속에서 다 변하지 않습니까? 그 관계가 어떤 패턴을 그리는지를 해석해서 답을 주는 상자인 겁니다, 이거."

"감이 잘 안 오는데요."

"만일 구봉구 씨가 1시에는 칠봉구 씨, 2시에는 팔봉구 씨, 3시에는 구봉구 씨가 된다고 칩시다. 그리고 앞으로 또 어떤 봉구로 변할지가 아주 궁금하고 말입니다. 그때 이 예언함에 물어보면 답을 줄 겁니다. 봉구 씨와 시간의 관계가 어떤 패턴을 그리는지를 해석해서 '4시에는 십봉구가 되어 있을 것이다.' 이렇게 말이지요."

"저는 언제나 구봉구였습니다. 십봉구 따위는 되고 싶지 않다고요."

"뭐 그냥 하나의 예로 든 건데, 사실 어감이 썩 좋지는 않네요. 다른 예로 말씀드리지요. 교실에서 남학생과 여학생이 1명씩 같은 자리에 앉게끔 짝을 바꾼다고 생각해 보세요. 선생님이 남학생과 여학생에게 각각 뭔가 적힌 종이를 뽑으라고 합니다. 한 남학생이 '로미오'라고 적힌 종이를 뽑습니다. 자, '로미오'라고 결정되었으니 짝은 누가 될까요? 연인 관계라는 패턴을 보인다면 '줄리엣'이 되겠지요. 아, 연인은 물론 1명이어야 하고요.

이번에는 다른 남학생이 '이몽룡'을 뽑았다면 짝은 누가 되겠습니까? 당연히 '성춘향'이겠지요. 한 상황이 결정되면 그 상황에 따라 다른 상황도 결정됩니다. 이때 여기에 숨겨진 패턴을 파악했다면 예측이 가능해집니다. 뭐 이런 원리로 작동하는 상자라는 소리입니다. 낭만적이지 않습니까? 세상의 관계 맺음을 이렇게 보여 준다는 거 말입니다. 구봉구 씨도 뭔가의 관계 맺음이 궁금하다면 이 상자에 한번 물어보세요."

나는 딱히 물어볼 질문이 생각나지 않았다. 규칙적으로 증가하는 토끼 씨는 손님에 대한 예의상 먼저 한번 물어보라고 했다가 내가 머뭇거리자 바로 말을 이었다.

"저부터 물어볼까요? 저는 우선 다음 주의 날씨를 물어볼까 합니다. 지난 기간 동안 날씨가 어떻게 변했는지를 바탕으로 다음 주의 날씨 정도는 쉽게 알려 줄 겁니다."

"날씨 변화와 규칙적으로 증가하는 토끼 씨가 어떤 관계를 맺고 있는데요?"

"낭만적인 데이트라는 관계를 맺고 있지요. 데이트를 할 때 날씨는 아주 중요하지 않습니까? 날씨와 데이트는 함수 관계에 있으니까 말이지요."

날씨와 데이트가 함수 관계에 있다고요? 설마 이차 함수?

"설마요. 그런 의미가 아니라 날씨에 따라 데이트의 흥망성쇠가 결정된다는 의미였습니다. 어떤 상황이 결정되면 그에 따라 다른 상황도 결정되는 일을 흔히 비유하여 '함수 관계'에 있다고들 말하니까요. 함수가 뭡니까. x와 y 사이의 관계가 바로 함수 아니겠습니까. x값이 결정되면 이에 따라서 y값도 결정이 되는 게 함수지요. x값에 따라 결정되는 y값은 단 하나여야 한다는 겁니다. 아까 이 예언함이 세상의 모든 사물들이 어떻게 관계를 맺어 변하는지를 해석하는 상자라고 말씀드렸지요? 그렇게 본다면 이 예언함은 x값과 그 값에 따라 결정되는 y값 사이에 있는 패턴을 찾아 해석하는 함수 상자라고도 할 수 있지요. 결국 세상은 함수인 겁니다. 짝 바꾸는 것 말고도 함수 관계에 놓인 상황들이 많은 법이니까요. 구봉구 씨도 세상과 함수 관계를 맺고 있는 거랍니다."

내가 맺고 있는 함수 관계를 찾아볼까 했지만……. 함수라는 말이 워낙 수학적이어서 수학 시간에 이차 함수 그래프를 그려야 했던 상황밖에 떠오르지 않았다. 수업 시작과 함께 시작된 긴장과 불안이 시간이 흐를수록 점점 커지다가 종이 치기 직전, 수학 선생님이 내 앞에 섰을 때 최고조에 다다른 그 상황 말이다.

"뭐 그것도 일종의 함수 관계이기는 하네요. 수학 시간과 구봉구 씨의 긴장 및 불안의 관계를 수업 시간 진행에 따른 패턴으로 그려 본다면 말입니다."

"수평으로 뻗은 x축이 수업 시간이고, 수직으로 뻗은 y축이 제 감정 상태를 표시하는 거라고 하면, 우울한 그래프가 될 것 같습니다. 한없이 절망으로 치닫는."

"쉬는 시간이 되면 한없이 자유로운 희망으로 치닫겠지요."

"시간에 따른 제 감정 상태의 패턴을 분석해서 내린 해석인가요?"

"관계를 맺으면서 어떻게 변화하는지를 해석하는 데 함수는 아주 유용하거든요. 그래프로 그리면 알아보기도 쉽고요. 어디 한번 이 예언함에 물어볼까요?"

나는 예언함에 수학 시간과 나의 관계에 대해 물었다. 예언함은 요란스레 덜컹거리더니 무언가를 토해 냈다. 함수 그래프가 그려진 종이였다.

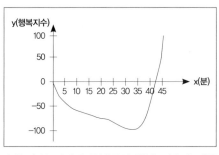

수학 수업 시간과 구봉구의 행복 지수에 따른 함수 그래프

규칙적으로 증가하는 토끼 씨가 그래프를 들여다보며 말했다.

"정말이지 정확하지 않습니까? 아, 저도 그녀와 사랑의 그래프를 그려 보고 싶네요. 이 예언함에 날씨 대신 제 사랑의 그래프를 알려 달라고 할까요?"

예언함인지 함수 상자인지가 그 기능을 제대로 발휘하는지 알아보기도 전에 상자가 갑자기 오그라들기 시작했다. '사랑의 그래프'를 견디기 힘든 모양이었다.

"아, 제가 실수를 했군요. 주의 사항을 잘 읽었어야 했는데. 하지만 사랑의 그래프를 그려 달라는 게 오그라드는 질문일 줄 누가 알았겠습니까? 구봉구 씨에게도 이게 오그라드는 질문인가요? 낭만적인 질문 아닌가요?"

상자는 오그라들어 사라졌지만 남은 나는 규칙적으로 증가하는 토끼 씨에게 답을 해야 했다. 규칙적으로 증가하는 토끼 씨에게 차마 오그라든다고 말하기는 어렵고, 낭만적이라고 말하면 이번에는 내가 오그라들겠고. 이번에는 누가 안 도와주나. 수학 시간에 울리지 않은 종아, 이번에는 나를 위해 울려 다오.

뎅, 뎅, 뎅. 정말 종이 울렸다.

"아, 수학 학원 거리에서 들리는 종소리군요. 이제 수업을 시작하려
는 모양입니다."

.... 이상하고 규칙적인 수학 마을로 가는 안내서 13

수학 학원 거리
- 수학으로 세상을 해석한 학자들의 놀이터

수학 마을 고서점을 나와 왼쪽으로 두 블록 걸어가면 수학 마을의 유
명한 학원들이 빼곡하게 줄지어 서 있는 거리가 나온다. **'수학 학원 거
리'**이다. 대학자들의 수학적 전통을 이어받은 유서 깊은 학원들이 모
두 여기에 모여 있다.
여행객들은 종종 수학 학원들이 즐비한 거리라고 하면 골치 아픈 곳,
선행 학습이 이루어지는 곳, 초등학생들이 고등학교 수학 과정을 공
부하는 곳이라고 생각하고 굳이 이곳을 방문하지 않으려고 하는데,

천만의 말씀! 이곳은 순수하게 수학을 사랑하는 사람들이 모여 수를 연구하고, 자신의 배움을 나누고, 선학들의 지혜를 되살려 수학 지식의 발전을 꾀하는 학문의 요새라고 할 수 있다. 수학 학원 거리에 들어서면 공기를 가득 메우고 있는 순수한 학문의 기쁨을 피부로 느낄수 있을 것이다. 이곳에서 놓치지 말고 가 봐야 할 몇몇 장소들을 소개하고자 한다.

세상의 중심에서 수학을 외치다

수학 학원 거리에 들어서면 바로 만나는 웅장한 건물이 있다. '아테네 거리' 1번지에 있는 플라톤Platon의 '**아카데미아**Academia' 학당이다. 아카데미아는 기원전 387년 경 고대 그리스의 철학자 플라톤이 세운 학당으로 이 정문에는 유명한 문장이 새겨져 있다.

"기하학을 모르는 자는 이곳에 들어오지 말라."

수학 마을 여행객이 이 문장을 보고 거봐, 들어오지 말라잖아. 들어가지 말자, 하고 돌아가는 경우도 있다. 하지만 나중에 그때 거기 가 볼걸 하고 후회하기 십상이다. 지금 비록 기하학을 모른다고 해서 앞으로도 모를 거라고 생각하지는 않기를 바란다. 여행객들의 방문은 언제나 환영하고 있다.

철학자로 유명한 플라톤은 기하학적인 사고를 바탕으로 우주에 대해

설명한 인물이기도 하다. 그의 이러한 사고방식은 '플라톤의 입체'라고 불리는 5가지 정다면체에서도 볼 수 있다.

다면체란 여러 면으로 이루어진 도형을 말한다. 정다면체는 한 꼭짓점에 모이는 면의 수가 같고, 면의 모양도 모두 같은 도형을 의미한다. 그런데 이러한 정다면체는 모두 몇 개나 있을까? 아쉬울지 모르겠지만 정다면체는 모두 5개뿐이다.

한 꼭짓점에 정삼각형 3개가 모인 **정사면체**, 정삼각형 4개가 모인 **정팔면체**, 정삼각형 5개가 모인 **정이십면체**. 그리고 한 꼭짓점에 정사각형이 3개 모인 **정육면체**, 정오각형 3개가 모인 **정십이면체**. 이것들이 바로 정다면체들이다. 아래의 그림을 보자.

| 정사면체 | 정팔면체 | 정이십면체 | 정육면체 | 정십이면체 |

이 5개의 정다면체로 어떻게 우주를 설명할 수 있을까? 이 세계가, 이 우주가 무엇으로 구성되어 있는지 늘 궁금해하던 플라톤은 물, 불, 공기, 흙이라는 4가지 원소가 우주를 구성하며, 이 각각의 원소는 정다면체로 이루어진 완벽한 물질이라고 생각했다. 우주는 완벽한 하나의 세상이니까 말이다. 플라톤에 따르면 흐르는 '물'은 정이십면체, 날카

로운 '불'은 정사면체, 자유로운 '공기'는 정팔면체, 안정적인 '흙'은 정육면체에 각각 대응한다. 하나가 남는다. 정십이면체. 플라톤은 정십이면체에 대해 모호하게 언급하고는 있지만 아마도 우주를 의미하는 것으로 짐작된다. 이른바 제5원소.

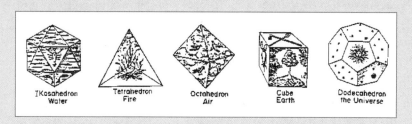

플라톤이 창설한 아카데미아는 이렇게 철학과 수학이 만나는 교육의 장이라고 할 수 있다. 걸출한 철학자와 수학자들도 다수 배출했다. 논리학의 아버지 아리스토텔레스Aristoteles도 이곳 출신이며, 수학자들의 성경인 《원론》의 저자 유클리드 역시 아카데미아 출신이다.

아카데미아 학당을 지나 아테네 거리 2번지로 들어서면 '리케이온Lykeion' 학당이 있다. 아카데미아 출신인 아리스토텔레스가 세운 학당이다. 스승 플라톤이 세운 아카데미아의 명성에 가려져 있기는 하지만 논리학 강의로 유명한 곳이다.

꿈의 학당, 무세이온

리케이온 학당에서 길을 건너면 이집트의 알렉산드리아 거리가 시작된다. 바로 이곳 알렉산드리아 거리 전체를 차지하며 그 위용을 자랑하고 있는 건물은 '무세이온Mouseion'이다.

알렉산더 대왕의 뒤를 이은 프톨레마이오스 1세는 아카데미아와 리케이온의 명성을 넘어서는 곳, 모든 학문과 예술을 관장하는 그런 곳을 꿈꾸었다. 그의 꿈이 투영된 곳이 바로 무세이온이다. 경제적 지원을 아끼지 않은 덕분에 무세이온은 강당과 도서관, 천문학 관련 설비 등 연구에 필요한 모든 것을 갖출 수 있었고, 소장 도서만 50여 만 권이 넘는 학술 연구의 중심지로 자리 잡게 되었다. 또한 세계 여러 나라의 학자들을 초빙하여 수학, 물리학, 천문학 등 새로운 지식의 발견과 연구를 이어 나갔다. 무세이온에 초빙된 학자들 중에는 유클리드도 있었다. 그가 기하학에는 왕도가 없다고 하여 왕에게 배움을 강조했던 곳이 무세이온이다.

무세이온은 가르치고자 하는 자와 배우고자 하는 자 모두에게 영감을 주는 '뮤즈muse'였다. 오늘날 예술가들이 자신에게 예술적 영감을 주는 존재를 표현할 때 쓰는 뮤즈라는 말은 그리스 신화에서 학문과 예술을 관장하는 9명의 여신 '무사이Mousai'에서 유래했다. 그래서였을까? 아니면 우연이었을까? 꿈의 학당 무세이온은 '무사이의 신전'이라는 의미를 갖고 있다. 모든 학문과 예술이 어우러지는 곳이 될 수밖에 없었던 것이다. 박물관을 의미하는 '뮤지엄museum'이라는 단어는 바로 무세이온에서 유래했다.

은밀하게 위대하게

여기 은밀하고 위대한 학파가 하나 있다. 아테네 거리나 알렉산드리아 거리에서는 이 학파의 학원이 잘 보이지 않는다. 하지만 길거리에서 오각형별을 옷에 붙이고 있거나 손바닥에 그려 놓은 사람들을 발견하면 그들을 잘 따라가 보기 바란다. 그들이 바로 은밀하고 위대한 학파의 회원들이다. 황금 비율이 숨어 있는 오각형별의 아름다움을 찾아낸 학파. 그렇다, 바로 피타고라스 학파이다.

그 이름도 유명한 피타고라스Pythagoras는 이탈리아 크로톤에 피타고라스 학파의 학교를 세웠다. 이 학파에서 수강생들, 그러니까 회원들을 가르치는 방법은 좀 특이하다. 피타고라스 학파의 회원들은 두 부류로 나누어진다. 우선 수업은 들을 수 있지만 질문은 할 수 없는 '청강생' 그룹이 있다. 그리고 나머지 한 부류는 종교와 철학을 공부한 다음에야 들어갈 수 있는 '수학자' 그룹이다. 이 단계에 이르러야 비로소 질문도 하고 자기의 생각을 표현할 수도 있다. 이들을 그리스어로 '마테마티코이mathematikoi'라고 불렀으며, 수학을 뜻하는 단어 'mathematics'가 여기에서 비롯됐다.

피타고라스 학파는 학술 단체이면서 신비주의 종교 집단과 비슷한 면도 있었다. 피타고라스는 사람이 죽으면 다른 동물로 환생한다는 윤회 사상을 믿고 있어서 동물을 먹는 것을 금지했다. 콩은 완전함의 상징으로 여겨져 이 또한 절대 먹지 않았다. 하지만 이러한 신비주의 같은 면모보다 널리 알려진 것은 그들의 수학적 발견들이다.

피타고라스 학파는 '만물은 모두 수'라는 확고한 신념을 갖고 있었다. 그들은 수에서 모든 것을 보았다. 약수들의 합을 이용하여 완전수, 부족수, 친화수 등의 개념을 만들어 낸 것도 그들이다. '플라톤의 입체'

라고 불리는 정다면체도 피타고라스 학파가 먼저 발견했다. 수와 도형 사이의 관계를 연구하여 삼각수, 사각수 등을 만들어 낸 것도 그들이다. 피타고라스 학파를 이해하려면 간단하게나마 삼각수에 대해 알아 둘 필요가 있다.

점이나 원, 또는 어떤 물건을 삼각형 모양으로 배열할 때 그 삼각형을 만든 점이나 원, 물건들의 개수를 '삼각수'라고 한다.

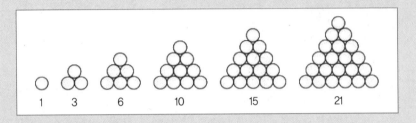

첫 번째 삼각수는 1이다. 두 번째 삼각수는 3인데 이 수는 1에다 2를 더하면 나온다. 1+2=3. 세 번째 삼각수 6은 1+2에 연속하여 3을 더하면 나온다. 1+2+3=6. 이런, 가만히 보자. 또 어딘가 익숙한 질서가 숨어 있다. 하나의 수열을 이룬다. 삼각수들은 연속하는 자연수들의 합과 같지 않은가. 수와 기하학적 도형 사이의 이러한 연관성을 찾아 낸 피타고라스 학파에게 정말 세상은 모두 수로 이루어져 있음이 틀림없다.

피타고라스 학파는 음악에서도 수를 발견했다. 어느 날 피타고라스가 대장간 옆을 지나는데 조화로운 소리가 들렸다. 어째서 듣기에 그렇게 좋았을까? 피타고라스는 이 아름다운 소리의 비밀을 풀기 위해 수

학적으로 탐구하기 시작했다. 그리하여 그 조화로운 소리가 비율에서 나온다는 것을 알게 되었다.

그 후 피타고라스는 하프 같은 현악기를 연구하여 현의 길이에 따라 악기의 소리가 달라지고, 그 길이가 정수의 비율을 따를 때 조화를 이룬다는 사실을 발견했다. 이러한 사실을 기초로 피타고라스 음계를 만들기도 했다.

하지만 무엇보다 피타고라스 학파의 유명세는 **피타고라스 정리**와 무리수를 발견한 데 있다. '직각삼각형의 빗변의 길이의 제곱은 다른 두 변의 길이의 제곱의 합과 같다'라는 그 유명한 피타고라스 정리, $c^2=a^2+b^2$ 말이다.

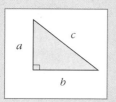

직각삼각형의 높이를 a, 밑변을 b, 빗변을 c라고 할 때, $a^2+b^2=c^2$이 된다는 사실은 이미 메소포타미아 등지에서도 알고 있었다. 피타고라스 학파는 이것을 증명하는 데 성공한 것이다.

피타고라스 정리를 증명하는 방법은 한두 가지가 아니다. 놀라지 마시라. 현재까지 약 400여 가지의 증명 방법이 나와 있다. 심지어 20세기 초에는 피타고라스 정리 증명 방법만을 모은 책이 발간되기도 했는데, 367가지의 방법을 수록하고 있다고 한다. 수학 마을 사람들도 자신만의 피타고라스 정리 증명 방법을 찾기 위해 여가 시간이면 사색에 잠기듯 증명을 연구하고는 한다. 우리 마을을 여행하다 보면 커다란 느티나무 아래 삼삼오오 모여 증명 방법에 대해 이래라저래라

훈수하는 사람들도 심심찮게 볼 수 있다.

그런데 이 파타고라스 정리는 피타고라스 학파를 일대 혼란 속에 빠뜨리기도 했다.

여기 한 변의 길이가 1인 정사각형이 있다. 이 정사각형의 대각선의 길이를 x라고 하고 이제 그 길이를 구해 보자. 피타고라스 정리를 이용하면 간단하다. 직각삼각형의 빗변의 길이를 구하면 되니까 말이다. $1^2+1^2=x^2$. 그럼 이제 답이 나왔다. $x^2=2$. 자, 어떤 수를 제곱하면 2가 나올까? 여기에서 피타고라스 학파는 심각한 문제에 부딪히게 된다. 이 책을 읽는 당신은 아마 이미 답을 알고 있을 것이다. $\sqrt{2}$가 아니면 뭐겠는가.

하지만 피타고라스 시대에 아직 그런 수는 존재하지 않았다. 피타고라스 학파가 '만물은 모두 수'라고 할 때, 그 '수'는 오로지 '정수'와 정수를 이용해 비율을 표시할 수 있는 '유리수'만을 대상으로 하고 있었다. 이 세상의 모든 것을 정수와 유리수로 표현할 수 있다고 믿고 있었던 피타고라스 학파에게 이 새로운 수의 발견은 삶의 근본을 뿌리째 흔드는 사건과도 같았다. 어쩌면 좋단 말인가. 피타고라스 학파는 이 새로운 수의 발견을 절대 누설하지 않기로 했다. 위대한 발견임에도 불구하고 은밀하게 '저주받은 수'처럼 그들만의 비밀로 묻어 두기로 맹세한 것이다.

전설에 따르면 히파수스라는 제자가 이 맹세를 깨고 '세상에는 정수의 비율로 표시할 수 없는 수가 있다'라는 사실을 발설하려고 하자 살해되어 바다에 던져졌다고도 한다. 전설이니 그 진위 여부를 알 수야 없지만 그만큼 이 발견이 가져온 충격이 강도 9는 훨씬 넘는 지진처럼 그들을 흔들어 놓았다는 것은 알 수 있다. 결국에는 피타고라스 학파도 이 새로운 수의 존재를 인정하기는 했지만 말이다. 그들이 원하지는 않았지만 해낸 일, 바로 비율로 표시할 수 없는 수, **'무리수'**의 발견이다.

이 유명한 피타고라스 학파를 찾아 수학 학원 거리를 걷다가 오각형 별을 달고 있는 피타고라스 학파 사람들을 보게 되면 주의할 점이 하나 있다. 바로 '콩'이다. 앞서 말했듯 그들은 콩을 신성하게 여기기 때문에 절대 콩을 먹지 않는다. 그러니 우연히 그들을 만났을 때 혹시 콩을 먹는 중이었다면 콩 한쪽이라도 나누어 먹으려고 해서는 안 된다, 절대로.

왜냐하면, 피타고라스의 죽음에도 콩과 관련된 이야기가 전설처럼 전해 내려 오기 때문이다. 사실 이 신비한 인물 피타고라스의 죽음에 대해 정확히 알려진 바는 없다. 그러나 일설에 의하면 정적들에게 쫓겨서 도망가던 피타고라스 앞에 콩밭이 나타났는데, 차마 이 콩밭을 짓밟을 수는 없었던 그는 결국 죽음을 선택했다고 한다. 믿거나 말거나. 그래도 역시 피타고라스 학파 앞에서는 콩에 대해 주의를 기울이기 바란다.

수학 학원 거리에 있는 아카데미아, 리케이온, 무세이온 등등을 다 둘러볼 시간이 안 되는 여행객들을 위해 준비한 곳이 있다. '당신이 죽기 전에 꼭 가 봐야 할 수학 마을 관광지' 1위에 빛나는 절대 명소, 바로 **'아테네 학당'**이다. 아테네 학당은 이탈리아 화가 라파엘로Raffaello Sanzio의 벽화에서 영감을 얻어 수학 마을에 건립되었다. 이곳에 가면 플라톤, 아리스토텔레스를 비롯해 피타고라스와 유클리드까지 모두 만날 수 있으며, 그들의 심오한 지식 세계를 전수받을 수 있다.

아테네 학당에서 만난 수학자들

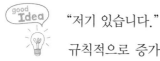 "저기 있습니다."

규칙적으로 증가하는 토끼 씨가 가리키는 곳에는 수많은 사람들이 북적대고 있었다.

"저기가 바로 아테네 학당입니다. 르네상스 시대의 화가 라파엘로는 바티칸 궁전의 방들을 장식하는 일을 맡게 되었죠. '아테네 학당'은 그가 교황의 개인 서재였던 '서명의 방'에 그린 벽화 중 하나였습니다. 고대 그리스의 철학자들을 한자리에 모아 표현한 작품이지요. 저명한 철학자들과 수학자들 모두를 이 벽화에서 만나 볼 수 있답니다. 우리 마을에서는 여기에서 아이디어를 얻어 아테네 학당을 세웠지요. 라파엘로의 상상을 현실로 만든 셈입니다. 뭐랄까, 연말 연예 대상이라든지, 아카데미 시상식이 열리면 좀처럼 한자리에서 볼 수 없는 특급 스타들이 모이지 않습니까? 보기 드문 광경이죠. 가슴이 설레기도 하고요. 먼발치에서라도 그들을 보려고 사람들이 구름처럼 모여들기도 하지요. 아테네 학당이 그렇습니다. 아카데미아, 리케이온, 무세이온 등지에서 활동하는 석학들이 모두 모여서 그들의 진리 탐구에 대한 열정을 나누는 장소라고 할 수 있지요. 일생에 한 번 볼까 말까 한 철학과 수학계 스타들이 모이다 보니 평소 그들을 흠모하던 팬들도 덩달아 몰릴 수밖에요. 하지만 사인을 받거나 인증샷을 찍지는 않습니다. 대신 철학이나 수학 문제들을 들고 오지요. 보세요, 저기 그들이 있습니다. 우리들의 수학 스타들이요!"

팬들로 보이는 군중들이 몰려든 곳에 그들이 있었다. 얼핏 봐도 50명은 족히 넘어 보였다. 하지만 나로서는 철학과 수학의 스타들이라는 그들이 누가 누구인지 도무지 알아볼 수가 없었다. 돔형으로 된 건물의 천장에 난 창으로 푸른 하늘이 보였고, 중앙의 아치문에서 두 사람이 걸어 나오고 있었다. 한 사람은 손가락으로 하늘을 가리키고 있고, 또 한 사람은 손을 땅을 향해 펼친 채 무언가 열심히 토론을 하는 중이었다. 왼쪽 아래에는 흰 천을 두른 사람이 쭈그리고 앉아서 열심히 책을 보고 있었고, 오른쪽 아래에는 한 사람이 허리를 굽힌 채 컴퍼스를 돌리고 있었다. 그밖에도 많은 사람들이 삼삼오오 모여 진지

한 대화들을 나누고 있었다.

난감해하는 내 얼굴을 본 규칙적으로 증가하는 토끼 씨가 망원경을 주더니 정중앙의 두 학자부터 먼저 보라고 했다.

"왼쪽에 계신 분이 바로 플라톤입니다. 손가락으로 하늘을 가리키고 계신 분이요. 플라톤은 '이데아idea'를 중시하는 철학자였습니다. 이데아란 관념 같은 것입니다. 플라톤에 따르면 이데아는 영원하고 변하지 않는 모든 사물들의 원형이고, 현실은 이 이데아를 모방한 것에 불과하다고 하더군요.

동굴에 갇혀서 밖으로 나오지 못하는 사람들이 있다고 생각해 보세요. 동굴 밖에 무언가가 있어서 그 그림자가 동굴에 비쳐 들어옵니다. 동굴 속 사람들은 생각하겠지요. 저 그림자가 사물의 실체라고. 하지만 아니지 않습니까? 그것은 사물의 실체가 아니라 단지 그림자에 불과할 뿐입니다. 현실은 이렇게 이데아를 모방한 그림자의 세계라는 겁니다. 아마 그런 뜻으로 이데아의 세계인 하늘을 손가락으로 가리키고 있는 거겠지요.

오른쪽에 계신 분은 아리스토텔레스입니다. 아리스토텔레스는 플라톤과는 다르게 현실을 중시했다지요. 그래서인지 손을 쫙 펼쳐서 땅으로 향하고 있지 않습니까? 저 두 분은 지금 철학적인 토론을 하시는 중인 것 같네요. 만물의 근원이 이데아에 있는지, 아니면 현실의 자연적 진리에 있는지 말입니다."

손가락 하나를 들어 "영웅은 하나일세" 하는 플라톤과 "아닙니다. 그럼 독수리 오형제는 뭐가 됩니까?"라고 되묻는 아리스토텔레스였다면 이해하기가 더 쉬울 듯하다. 하지만 플라톤과 아리스토텔레스가 그런 대화를 나누지는 않았겠지. 규칙적으로 증가하는 토끼 씨가 말도 안 되는 내 생각을 읽었는지 바로 망원경을 아래쪽으로 내리라고 한다.

"이제 아래를 보시겠습니까? 먼저 왼쪽부터 보세요. 불경스러운 표현이지만 약간 대머리이고 열심히 책을 보고 계신 분을 찾으셨나요? 저도 이렇게 얼굴을 직접 보는 것은 처음입니다. 오각형별 기억나세요? $\sqrt{2}$ 가 불러일으킨 그 혼란은요? 만물의 근원은 수라고 생각한 피타고라스 학파 말입니다. 저분이 피타고라스 학파의 수장, 바로 피타고라스 본인이십니다. 이곳에서도 수학 연구에 여념이 없으신가 봅니다. 저렇게 뚫어지게 책을 들여다보고 계신 것을 보면 말이지요.

오른쪽으로 가 보죠. 오른쪽 아래에 허리를 굽히고 컴퍼스로 도형을 그리고 있는 분이 누구인지 아시겠어요? 수학 마을 고서점에서도

저분 책을 본 적이 있을 겁니다. 기억 나시죠? 이름 그 자체로 기하학과 동의 어인 수학자, 수학 마을의 바이블 《원론》의 저자이신 유클리드입니다. 유클리드는 증명을 마치면 '이렇게 증명 하였다'는 의미의 라틴어 'Quod erat demonstrandum'의 약자를 따서 'Q. E. D.' 라는 세 글자를 쓰곤 했지요. 증명이 끝났다는 의미로 말입니다. 그래서 우리 수학 마을에서도 증명을 끝낸 후 종료의 의미로 Q. E. D.라고 쓰고는 합니다."

"그런데 저기 계단에 술 취한 것처럼 누워 계신 분은 누구신가요?"

사실 모두가 진지한 가운데 혼자 삐딱하게 누워 있는 저 사람은 누구인지 내내 궁금했었다.

"아, 디오게네스Diogenēs 선생님이십니다. 알렉산더 대왕이 그에게 원하는 게 무엇인지를 물었을 때, 햇빛이나 가리지 말아 달라고 했다는 일화로 유명한 분이죠. 그러고 보니 유명한 철학자 선생님들도 여기 많이 오셨네요. 플라톤 왼쪽으로 카키색 옷을 입은 들창코 어르신이 혹시 보이십니까? 소크라테스Socrates 선생님입니다. 참, 비밀 하나 알려 드릴까요? 이렇게 슈퍼스타들을 모아 놓는 꿈을 실현시킨 라파엘로 자신도 이곳에 숨어 있답니다. 저기 유클리드 뒤쪽으로 맨 오른쪽을 잘 보세요. 지구의 같은 것을 든 사람들이 있고 그 옆에 검은 모자를 쓴 청년을 찾으셨나요? 그가 바로 라파엘로입니다."

| 디오게네스 | 소크라테스 | 라파엘로 |

"정말 대단한 곳이군요."

내가 말했다.

"우리들만의 〈어벤져스〉 같은 것이지요. 죽은 자가 산 자보다 더 잘 기억되는 곳이기도 하고요. 피타고라스는 죽었지만 '수'로써 여전히 살아 있는 거 아닐까요? 피타고라스의 정리는 물론이고 말입니다. 유클리드도 육신은 죽었지만 그의 정신이 남긴 업적은 수학사에 길이 남을 테지요. 기하학의 이름으로 말입니다. **수학자의 묘지**에 가시면 죽었지만 여전히 살아 있는 수학자들을 더 만나 보실 수 있을 겁니다."

규칙적으로 증가하는 토끼 씨가 말했다.

"묘지라니 어째 좀 으스스한데요."

"아뇨, 낮보다 더 밝은 곳입니다."

우리는 수학자의 묘지로 향했다.

수학자의 묘지
- 수학의 생명력이 되살아나다

묘지라고 하면 일반적으로 두려워하기 십상이다. 하지만 수학 마을 외곽에 있는 수학자 묘지는 귀신과 함께 연상되는 음의 기운과는 거리가 멀다. 이 수학자의 묘지가 외곽에 위치한 이유는 이곳이 우리 수학 마을의 수학적 지식과 지혜의 테두리임을 의미하기 때문이다. 수학을 탐구 대상으로 삼아 세상의 질서와 이치를 공고히 하며 그 테두리를 넓혀 가겠다는 의지의 표현인 것이다.

수학 마을 사람들은 휴일에 아이들을 데리고 놀이동산에 가듯 가족 단위로 수학자의 묘지를 자주 방문한다. 그리고 이곳에서 죽어서 묻혀 있는 지식이 아니라 생생하게 살아 있는 지식의 세계와 마주하게 된다. 수학자들의 묘비명을 보면서 앞으로 자신의 수학적 삶에 대한 의지를 다지고, 그들의 지식을 더 넓혀 나갈 것을 다짐하기도 한다. 앞서 간 수학자들의 삶을 생생하게 재현한 홀로그램 덕분에 어린아이들은 피타고라스나 아르키메데스, 유클리드 등의 쟁쟁한 수학자들을 이웃집 아저씨처럼 친근하게 느낄 수 있다.

가장 인기 있는 곳은 아르키메데스의 묘지가 있는 제3구역이다. 이곳에서는 아르키메데스의 각종 에피소드를 담은 홀로그램이 24시간 펼쳐지고 있다. 그러나 사람들은 간단명료한 도형으로만 이루어진 그의 묘비에 무엇보다 큰 감동을 받는다. 아, 나도 저렇게 수학적으로 살아야지 하는 마음이, 내 인생도 저렇게 압축적인 도형으로 표현해야지 하는 생각이 거대하게 몰려오기 마련이다.

방정식을 배우는 아이들을 위해 부모들이 자주 찾는 곳은 고대 그리스 수학자 디오판토스Diophantos의 묘지이다. 그의 묘비에는 방정식을 처음 접한 아이들의 흥미를 불러일으키는 수수께끼가 적혀 있다. 무리수를 배우기 시작하여 원주율까지 공부한 학생들은 아르키메데스의 묘지를 방문한 다음, 독일의 수학자 루돌프의 묘지를 찾는다. 루돌프의 묘비에는 그가 구한 원주율 값이 새겨져 있어서 학생들은 그 앞에서 자기도 모르게 원주율 값을 외우곤 한다. 한 학생이 원주율 값을 노래처럼 읊조리다가 막히면 다음 학생이 이어 가는 모습은 마치 시를 한 구절씩 번갈아 낭송하는 것처럼 아름답다.

수학자의 묘지에는 언제나 생명력이 넘쳐난다. 세상의 질서를 찾아 사물의 본질을 수학적으로 연구한 선구자들의 수학적 삶을 오늘의 젊은이들이 이어받는 곳이다. 수학 마을 여행자들에게 이곳을 적극 추천하는 이유도 이것이다. 꼭 수학이 아니어도 삶과 앎에 대한 열정을 만날 수 있는 곳이 바로 당신 앞에 있다.

"내 도형을 밟지 마시오."

수학자의 묘지에 도착했다. 평일 오후라 그런지 사람들은 많지 않았다. 아참, 그러고 보니 내가 수학 마을에 오고 난 후 몇 시간이 흘렀는지 모르겠다. 이상한 것은 분명 여기저기 많이 다녔는데도 여전히 오후라는 사실이다. 수학 마을에서는 시간이 다르게 흐르는 것일까?

규칙적으로 증가하는 토끼 씨에게 시간을 물었다. 규칙적으로 증가하는 토끼 씨는 사람마다 시간이 다르게 흐른다는 말을 들려줄 뿐이었다. 사람들이 즐거울 때는 시간이 빠르게 느껴지고, 지겨울 때는 더디게 느껴지는 것처럼, 어떤 사람은 과거의 한 시점에 머물고 또 어떤 사람은 미래의 한 시점으로만 향하는 것처럼, 수학 마을에서는 저마다의 시간이 있다고 말이다.

그럼 나에게는 시간이 어떻게 흐르고 있는 것일까? 평일 오후, 이것이 수학 마을에서의 내 시간인 모양이다. 방과 후의 여유로운 시간. 덕분에 평일 오후의 따사로운 햇살을 느끼며 사람들로 북적대지 않는 수학자의 묘지를 산책 나온 사람처럼 느긋하게 걸어 다니고 있는 모양이다.

아르키메데스의 묘지를 보러 제3구역으로 향하는데 웬 벌거벗은 사람이 환호하며 뛰어오고 있었다.

"유레카!"

'유레카eureka'를 외치며 벌거벗은 채 거리를 활보하는 남자. 아무리 내가 일반인 예정자라지만 알 것 같다. 아르키메데스가 아니면 누구겠는가. 너무나 생생해서 실제 사람처럼 보였는데 규칙적으로 증가하는 토끼 씨의 말에 의하면 이게 바로 홀로그램이라고 한다. 아르키메데스의 묘지로 가는 길에 처음 만난 홀로그램은 벌거벗고 뛰어다니는 아르키메데스였다.

"유레카! 드디어 내가 알아냈어! 얼마 전이었지. 왕은 순금으로 된 새 왕관을 만들라고 기술자에게 명령을 내렸어. 그런데 왕관에 다른 금속을 섞어서 만들었다는 소문이 떠돌더군. 왕관의 무게를 재 보았지만 왕이 내린 순금의 무게와 똑같았으니 소문의 진위를 확인할 길이 없었지. 그렇다고 왕관을 손상시킬 수도 없었고. 왕이 나에게 부탁하더군. 왕관을 손상시키지 않고 순금으로 되어 있는지 알아봐 달라고 말이야.

나는 고민에 빠졌어. 쉬운 일이 아니었거든. 아무리 애를 써도 딱히 방법이 떠오르지 않는 거야. 그럴 때는 목욕이 최고지. 혈액 순환을 촉진하고 사람을 느긋하게 만들어 주거든. 그래서 목욕탕에 갔지. 그런데 내가 탕 안에 몸을 담그자 내 무게만큼 물의 높이가 올라가더니 급기야는 넘치더군. 그때 깨달았지. 아, 왕관이 순금으로 되어 있는지 알아낼 방법이 여기 있었구나! 흥분한 나는 내가 벌거벗었다는 것도 잊고 기쁨에 겨워 거리를 돌아다녔지 뭔가. 알아냈다는 의미의 '유레카'를 외치면서 말이야. 하마터면 경범죄로 잡혀갈 뻔했어.

내가 알아낸 방법은 아주 간단한 것이었지. 우선 왕관을 물에 담그고 물이 얼마나 올라가는지 그 높이를 재는 거야. 다음으로 왕관과 똑같은 무게의 순금을 넣어 물이 올라간 높이를 재는 거지. 그런 다음 그 둘을 비교하면 끝나는 거야. 왕관이 순금으로 되어 있다면 왕관을 넣었을 때와 순금을 넣었을 때 물의 높이가 똑같을 테니까 말이지. 불행히도 왕관은 순금으로 만들어진 것이 아니었지.

그런데 사실 내가 목욕탕에서 나와 벌거벗고 뛰어다니며 유레카를 외쳤다는 것은 드라마틱한 설정이기는 해. 작은 사실을 극적으로 과장되게 부풀렸다는 말이지. 내가 죽은 뒤에 로마의 건축가인 비트루비우스Vitruvius가 퍼뜨렸다지. 글쎄, 내가 진짜 목욕탕에서 나와 벌거벗고 뛰어다녔을까? 중요한 건 그게 아니라 내가 알아냈다는 사실이니까 사람들 입에서 입으로 이 이야기가 퍼지면서 극적으로 바뀐 것은 이해해야지 뭐."

벌거벗은 아르키메데스를 지나치자 이번에는 이상한 물건들을 들고 있는 아르키메데스가 나왔다.

"나는 사실 발명도 좋아한다네. 혹시 아르키메데스 펌프라고 들어는 봤나? 일종의 양수기일세. 긴 원통 안에 금속 날개를 넣고 한쪽 끝에 핸들을 달았지. 이 긴 원통을 물속에 비스듬히 넣고 핸들을 돌리면 금속 날개가 회전을 하면서 아래쪽 물이 원통을 따라 올라온다네. 이 펌프로 강에서 물을 끌어올릴 수 있으니 농사를 짓는 데 아주 유용했어. 수학적 원리를 이용하여 각종 기계들을 발명하는 재미는 정말 쏠쏠하다네.

지레와 도르래를 아나? 무거운 물건을 쉽게 들어 올릴 수 있는 이것들의 수학적, 물리학적 원리를 내가 찾아냈다네. 내가 농담 삼아 말했지. 내게 서 있을 자리와 충분히 긴 지렛대만 준다면 지구도 들어 올리겠다고 말이야. 하지만 아무도 큰 지렛대를 주지 않더군. 하마터면 지구까지 들어 올릴 뻔했는데 말이야. (사실은 지렛대만 있으면 어떤 무거운 물체라도 움직일 수 있다고 말했는데 '어떤 무거운 물체'가 나중에는 '지구'로 바뀐 거라네.) 지레와 도르래의 원리를 이용하여 군수품과 군인을 가득 실은 군함을 바다에 띄우기는 했지.

사실 전쟁 무기도 좀 발명했다네. 내 고향이 어딘지 아나? 이탈리아 시칠리아 섬에 있는 시라쿠사라네. 기원전 287년에 태어났지. 그래, 자네들에게는 까마득할 걸세. 어쨌든 시라쿠사는 로마군의 공격을 많이 받았다네. 나는 우리 도시로 들어오는 로마군의 배를 향해 돌을 던질 수 있는 투석기와 배를 들어 올릴 수 있는 거대한 기중기를 발명했어. 거울과 렌즈를 이용해서 로마군의 배를 불태울 수 있는 기계도 내 작품일세. 로마군은 나를 '기하학에 정통한 눈이 100개 달린 거인'이라고 부르며 두려워했다더군. 그들은 성벽에 있는 밧줄만 봐도 아르키메데스가 또 뭔가를 만들었구나 하면서 지레 겁을 먹고 퇴각하기도 했다지."

묘지를 향해 조금 더 걸어가자 이번에는 행복에 겨운 아르키메데스가 나타났다. 벌거벗고 뛰는 아르키메데스도 행복해 보였지만 이번에 나타난 아르키메데스는 그 어느 모습보다 행복하고 자랑스러워 보였다. 이 아르키메데스는 원기둥과 구 같은 도형에 파묻혀서 모든 것을 얻은 듯한 미소를 짓고 있었다.

"내가 쓴 책은 많지만 그중 제일 좋아하는 것은 《구球와 원기둥에 대하여》라는 책이라네. 발명가로서의 나도 좋지만 무엇보다 도형을 연구하는 사람으로서의 내가 더 마음에 들어. 도형을 이용해 원주율의 값을 구하는 것도 재미있었고, 《모래알을 세는 사람》에서 우주를 가득 채울 수 있는 모래알의 개수라는 큰 수를 찾기도 했지. 무엇보다 원기둥과 구만 있으면

세상을 다 얻은 것과 다를 바가 없었어. 세상에 도형만큼 아름다운 것이 또 있을까 싶다네.

내가 가장 뿌듯해하는 일이 뭔지 아나? 바로 원기둥, 원뿔, 구의 부피 사이의 비례 관계를 알아낸 일이지. 나는 캔 안에다가 공을 꽉 끼게 넣는 실험을 계속했었어. 캔은 원기둥 모양이고 공은 구 아닌가. 그러니까 원기둥 안에 구를 넣는 실험을 했지. 그 결과 구의 부피는 외접하는 원기둥 부피의 $\frac{2}{3}$가 된다는 사실을 알아냈네. 원뿔과 구와 원기둥의 부피의 비례 관계가 1:2:3이 된다는 것도 알아냈지. 내 생애 가장 흐뭇한 순간이었어. 나의 가장 위대한 업적을 하나 꼽으라고 하면 주저 없이 이 사실을 말할 거라네. 내가 죽으면 묘비에 내가 발견한 이 사실을 그림으로 새겨 주면 좋겠어."

"내가 죽으면 묘비에 내가 발견한 이 사실을 그림으로 새겨 주면 좋겠어"라는 아르키메데스의 말이 여운을 남기며 희미하게 사라진 자리에 비장한 장송곡이 울려 퍼지기 시작했다.

"아르키메데스의 묘지가 가까워지고 있군요. 이제 그의 최후를 볼 수 있을 겁니다."

옆에 있던 규칙적으로 증가하는 토끼 씨가 자못 근엄한 표정을 지으며 말했다.

"아르키메데스는 도형을 그리는 것을 좋아했지요. 그날도 도형을 그리고 있는 중이었습니다."

장송곡이 희미해지나 싶더니 땅에 도형을 그리면서 기하학 연구에 몰두하고 있는 아르키메데스가 나타났다. 그리고 그의 등 뒤로 로마 병사가 걸어오고 있었다.

〈아르키메데스의 최후〉, **구스타브 쿠르투아**Gustave Courtois

"로마군은 역시 세계 최고야. 결국 시라쿠사마저 점령했으니 말이야, 흠흠. 그런 로마의 병사니 누가 내 앞길을 막겠어. 이름만 들어도 벌벌 떨고 말걸. 어럽쇼, 저기 있는 저 늙은이는 누구지? 땅바닥에서 뭘 하고 있는 거람."

로마 병사는 아르키메데스에게 다가갔다. 그러나 아르키메데스는 미동도 없이 땅에 도형을 그리는 데에만 몰두하고 있었다.

"이봐, 쭈그리고 앉아서 뭘 하고 있는 거야? 로마 병사인 내가 안 보이나?"

병사가 뭐라고 하는지 한마디도 들리지 않는 듯 그는 여전히 도형만 그리고 있었다. 로마 병사가 도대체 뭔가 싶어서 가까이 다가갔다. 그때 아르키메데스가 비로소 입을 열었다.

"내 도형을 밟지 마시오."

화가 난 병사는 그 노인이 아르키메데스라는 사실은 꿈에도 모른 채 앞뒤 재지 않고 칼로 찔러 죽이고 말았다. 아르키메데스는 그렇게 최후를 맞이하였다.

"여기가 아르키메데스의 묘지입니다."

마지막 홀로그램이 사라지고 우리는 어느 샌가 아르키메데스의 묘지에 도착해 있었다. 묘지에는 그를 기리는 묘비가 세워져 있었다. 자신이 가장 자랑스러워한 발견을 묘비에 새겨 달라는 아르키메데스의 말은 유언이 되어 묘비에 남아 있었다. 원기둥에 내접하는 구. 아르키메데스의 묘비였다.

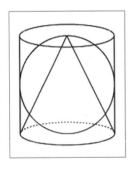

"아름답지요. 도형을 사랑하던 사람이 남긴 도형이니 말입니다. 일흔 다섯의 나이에도 도형을 그리며 기하학 문제를 푸는 데 여념이 없었던 아르키메데스를 생각하면 왠지 뭉클해집니다. 비록 적이었지만 아르키메데스를 존경했던 로마 장군 마르켈루스Marcehllus는 시라쿠사를 함락하고 나서 그를 죽이지 말라고 부하들에게 명령을 내렸습니다. 로마 병사가 마르켈루스 장군을 접견하라고 아르키메데스를 찾아갔을 때 아르키메데스는 기하학 문제를 풀 때까지 기다리라며 거절했다고 합니다. 격분한 병사가 아르키메데스를 죽였다고 하지요.

홀로그램으로 본 내용은 좀 더 극화된 표현이기는 합니다만 내 도형을 밟지 말라는 말은 기하학에 대한 아르키메데스의 열정을 그대로 보여 준다고 생각합니다. 어쨌든 아르키메데스가 죽은 것을 알고 마르켈루스 장군은 불같이 화를 냈다지요. 그러나 일은 이미 벌어지고 난 뒤였지요. 마르켈루스는 한탄하면서 아르키메데스의 말대로 원기둥에 내접하는 구의 그림을 그의 묘비에 새겼다고 합니다.

아르키메데스가 죽고 137년이 지나 로마의 정치가 키케로Cicero가 시라쿠사에 임명되어 와서 아르키메데스의 묘지를 찾아다녔습니다. 그러다 시라쿠사 인근의 숲 속에서 버려진 묘비를 발견했지요. 그는 거기에 새겨져 있는 원기둥에 내접하는 구의 그림을 보고 아르키메데스의 묘라고 확신했다고 합니다."

이야기를 듣고 나니 원기둥에 내접하는 구가 새겨진 아르키메데스의 묘비가 단순한 도형 이상으로 보였다. 한 사람의 삶과 그의 이상을 압축해 놓은 듯한 그 느낌에 덩달아 엄숙해졌다. 그때 규칙적으로 증가하는 토끼 씨가 다시 입을 열었다.

"아르키메데스의 정신은 다른 곳에도 새겨져 있습니다. 혹시 '필즈상Fields Medal'이라고 아십니까? 수학계의 노벨상 같은 것입니다만. 못 들어 보셨군요. 그럼 세계수학자대회International Congress of Mathematicians가 4년마다 열리는 것을 알고 계십니까? 네, 올림픽만 4년마다 열리는 줄 알고 계셨군요. 올림픽 말고 4년마다 열리는 세계수학자대회가 있습니다. 1924년에는 토론토에서 열렸죠. 당시 이 대회의 조직 위원장이었던 캐나다의 수학자 필즈J. C. Fields는 권위 있는 국제적인 수학상을 만들자고 제안을 했습니다. 필즈는 이 상을 위한 기금으로 그의 재산까지 기부했습니다.

1932년 드디어 이 상을 위한 준비를 끝마쳐 갈 즈음, 대회 개최를 1개월 앞두고 필즈는 건강이 악화되어 급작스럽게 세상을 떠나고 말았지요. 그의 노력으로 제정된 이 수학상은 이후 필즈상이라고 이름 붙게 되었답니다. 필즈는 '이 상의 수여는 이미 이루어진 업적을 기리면서 동시에 향후 연구를 지속하도록 격려하고 다른 수학자들의 분발을 촉구하는 뜻에서 이루어져야 할 것입니다'라는 말을 남겼습니다. 이 때문인지 40세 미만의 젊은 수학자들에게 수여되고 있지요.

이 필즈상 수상자들은 필즈 메달을 받는데 바로 이 메달에 아르키메데스가 있답니다. 메달 앞면에는 아르키메데스의 얼굴이 있고, 뒷면에는 나뭇가지들 뒤로 원기둥에 내접한 구의 그림이 새겨진 그의 묘비가 보이지요. 이미 이루어진 업적을 기리면서 동시에 향후 연구를 지속하도록 격려하고 다른 수학자들의 분발을 촉구하는 필즈 메달에 아르키메데스가 새겨진 것은 어쩌면 당연한 일 아니겠습니까? 봉구 씨는 당연히 40세 미만이니 어때요, 한번 도전해 보시는 게?"

"뭐, 제가 아직 어리긴 하지만 저보다는 규칙적으로 증가하는 토끼 씨가 더 가능성이 있지 않을까요?"

"글쎄요, 토끼에게 수여한다면 또 모를까."

필즈 메달 앞면 　　　　필즈 메달 뒷면

방정식의 냄새

신의 축복으로 태어난 그는 인생의 $\frac{1}{6}$을 소년으로 보냈다. 그리고 다시 인생의 $\frac{1}{12}$이 지난 뒤에는 얼굴에 수염이 자라기 시작했다. 다시 $\frac{1}{7}$이 지난 뒤 그는 아름다운 여인을 맞이하여 결혼을 하였으며, 결혼한 지 5년 만에 귀한 아들을 얻었다. 아! 그러나 그의 가없은 아들은 아버지의 반밖에 살지 못했다. 깊은 슬픔에 빠진 그는 그 뒤 4년간 정수론에 몰입하여 스스로를 달래다가 일생을 마쳤다.

이상한 묘비명이다. '우물쭈물 하다가 내 이럴 줄 알았지'라는 버나드 쇼George Bernard Shaw의 묘비명을 처음 들었을 때 역시 소설가답게 재치가 넘친다고 생각했는데 이곳의 묘비들은 아, 수학적이고, 너무나 수학적이다. 이 묘비는 도대체 누구의 것일까.

"디오판토스의 묘비입니다."

디오판토스, 디오판토스……. 아, '마이너스의 손' 잡화점에서 마이너스 노인이 수학 기호의 유래를 이야기할 때 얼핏 들었던 기억이 난다. 수학에 최초로 기호를 도입해서 방정식처럼 수와 문자를 사용하여 수학 법칙을 간단명료하게 표현했다는 그 대수학의 아버지! 그러고 보니 묘비명에서도 어쩐지 방정식의 냄새가 훅 끼친다.

"디오판토스가 언제 태어나서 언제 죽었는지는 정확하지 않습니다만, 그가 몇 살에 죽었는지는 정확히 알 수 있지요. 그의 묘비에 새겨져 있으니까 말입니다. 디오판토스의 묘비는 방정식으로 된 일생의 요약본이지요. 디오판토스가 몇 살에 죽었는지 풀어 보시겠어요? 그가 일생을 마친 나이를 x라고 보면 방정식을 세울 수 있을 겁니다."

신의 축복으로 태어난 그는 인생의 $\frac{1}{6}$을 소년으로 보냈다. ➡ $\frac{1}{6}x$

그리고 다시 인생의 $\frac{1}{12}$이 지난 뒤에는 얼굴에 수염이 자라기 시작했다. ➡ $\frac{1}{12}x$

다시 $\frac{1}{7}$이 지난 뒤 그는 아름다운 여인을 맞이하여 결혼을 하였으며, ➡ $\frac{1}{7}x$

결혼한 지 5년 만에 귀한 아들을 얻었다. ➡ 5

아! 그러나 그의 가엾은 아들은 아버지의 반밖에 살지 못했다. ➡ $\frac{1}{2}x$

깊은 슬픔에 빠진 그는 그 뒤 4년간 정수론에 몰입하여 스스로를 달래다가 ➡ 4

일생을 마쳤다.

그러니까 디오판토스가 죽었을 때의 나이(x)는 이 방정식을 풀면 알 수 있다는 소리일까.

$$x = \frac{1}{6}x + \frac{1}{12}x + \frac{1}{7}x + 5 + \frac{1}{2}x + 4$$

"디오판토스는 84세에 세상을 떠났군요."

규칙적으로 증가하는 토끼 씨가 고개를 끄덕여 주었다.

괴팅겐의 거인

 "나는 말보다 계산을 먼저 배웠지."

규칙적으로 증가하는 토끼 씨가 하는 말인 줄 알았는데 아니었다. 눈앞에는 초등학교의 한 교실이 나타났다.

"자, 여러분. 이 문제를 풀도록 해요."

선생님은 자습을 시킬 생각이었는지 아이들에게 칠판 가득 문제를 내고 있었다.

"1부터 100까지의 숫자를 모두 더해 보세요. 1+2+3+……+99+100은 얼마일까요? 자, 그럼 시작!"

선생님은 느긋하게 자리에 앉았다. 그런데 1분도 채 안 되어 10살 정도 되어 보이는 한 꼬마가 번쩍 손을 들었다.

"선생님, 답을 구했습니다. '5050'이 나오는데요."

선생님도 아이들도 모두 깜짝 놀라서 이 꼬마를 바라보았다.

"도대체 어떻게 이렇게 빨리 계산을 한 거지?"

선생님이 물었다.

꼬마는 아무렇지 않은 듯 답을 했다.

"1과 100을 더하면 101, 2와 99를 더해도 101, 3과 98을 더해도 101이 나오는 걸 이용했어요. 대칭을 이루던데요. 이렇게 하면 101이 모두 50번 나오잖아요.

1	+	2	+	3	+	……	+	50
100	+	99	+	98	+	……	+	51
101	+	101	+	101	+	……	+	101

101이 50번 나오니까 $101 \times 50 = 5050$이 나오는 걸요."

선생님과 아이들이 말했다.

"가우스, 천재 아냐?"

저 꼬마의 이름이 '가우스'인 모양이다. 규칙적으로 증가하는 토끼씨는 꼬마 가우스를 귀엽다는 듯이 보며 웃고 있었다.

"가우스에 대한 유명한 에피소드네요. 대칭성을 이용해 등차수열의 합을 단번에 구해 낸 저 이야기 말입니다. 가우스는 1777년에 독일의 어느 가난한 벽돌공의 아들로 태어났죠. 어릴 때부터 수학에 남다른 재능을 보였다고 합니다. 3살 때에는 아버지가 돈 계산을 하다가 실수한 것을 알아차리고 암산으로 바로잡았다고 하네요. 말보다 계산을 먼저 배웠다고 할 만하지요. 형편이 어려워 아버지는 가우스를 공부시키지 않으려 했지만 수학에 대한 가우스의 열정을 막을 수는 없었지요. 그는 괴팅겐 대학에서 수학을 공부하게 됩니다."

이번에는 대학교에 다니는 청년 가우스가 나타났다.

"1796년 3월 30일. 이날을 절대 잊을 수 없을 것이다. 나는 자와 컴퍼스만으로 정십칠각형을 작도하는 데 성공했다. 정삼각형, 정사각형, 정오각형 등은 눈금이 없는 자와 컴퍼스만을 이용한 기본적인 방식으로 작도할 수 있었다. 하지만 정칠각형, 정구각형, 정십일각형, 정십삼각형, 정십칠각형 등은 과연 눈금이 없는 자와 컴퍼스만으로 작도할 수 있을지 알 수 없는 상태였다. 그런데 내가 그 해결의 실마리를 던진 것이다!

'페르마 소수'라고 들어 보았나? 일단 '소수'란 1과 자기 자신만으로 나누어떨어지는 수를 말한다. 그리고 소수 p에 대해 p−1이 2의 거듭제곱으로 표현되면, 이 p를 '페르마 소수'라고 부른다. 소수 중에 3을 보자. 3−1=2이고, 2는 2^1이다. 소수 5는 어떨까? 5−1=4이고, 4는 2^2이다. 그러니까 3과 5는 페르마 소수에 해당한다. 나는 정다각형 작도에서 변의 개수가 페르마 소수인 정다각형은 자와 컴퍼스만으로 작도가 가능하다는 것을 증명해 보였다. 정십칠각형으로 다시 돌아가자. 17−1=16이고, 16은 2^4이므로 17은 페르마 소수에 해당한다. 당연히 자와 컴퍼스만으로 작도가 가능했다. 오, 이 기쁨이라니! 아르키메데스가 원기둥과 구의 부피 관계를 알아냈을 때의 기쁨을 이제 이해할 것 같다. 나도 아르키메데스처럼 내 묘비에 이 정십칠각형을 새겨 달라고 해야겠다."

아하, 그렇다면 이번에는 정십칠각형이 새겨진 가우스의 묘비를 보게 되는 모양이다.

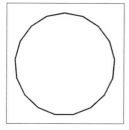

정십칠각형

"아쉽게도 정십칠각형을 새기지는 못했습니다. 작은 묘비에 정십칠각형을 새기면 원과 비슷해지고 만다며 석공이 새길 수 없었다고 하네요. 하지만 그만큼 가우스에게는 의미 있는 일이었지요. 가우스는 정십칠각형 작도를 해낸 후 수학자의 길을 걷기로 했다고 합니다. 아르키메데스와 뉴턴에 비견할 만한 천재 수학자가 등장한 것이지요. 18세기 수학에서 19세기 수학으로 나아간 전환점에는 가우스가 있다고 보시면 됩니다. 그는 유클리드의 평행선 공리에 의문을 품고 연구한 비유클리드 기하학의 선구자 중 한 사람이지요. 단지 공식적인 발표를 먼저 하지 않았을 뿐입니다. 가우스는 평생을 괴팅겐 대학 교수로 재직하면서 수학의 세계에 빠져 살았다고 하지요. 그래서 우리는 그를 '괴팅겐의 거인'이라고도 부르고 있습니다."

규칙적으로 증가하는 토끼 씨는 어디선가 지폐를 꺼내 보여 주며 말을 이었다.

"지금은 유로화로 통일되었지만 유로화 이전 독일에는 가우스의 초상화가 새겨진 10마르크 지폐가 있었답니다.

　'수학은 모든 과학의 여왕이며 수론은 수학의 여왕이다. 그 여왕은 겸손해서 종종 천문학이나 다른 자연 과학에 도움을 주기도 한다. 그러나 모든 관계 안에서 그 여왕은 최고의 자리에 오를 만한 자격이 있다'라는 말을 남긴 가우스는 '수학의 왕자'라고도 불렸습니다."

23가지 수학적 문제

우리는 알아야 한다. 우리는 알게 될 것이다.

가우스의 묘지를 지나자 나타난 묘비명이다. '우리는 알아야 한다. 우리는 알게 될 것이다.' 뭘? 이건 누구의 묘비명일까 궁금해하는데 마침 홀로그램에서 내레이션이 흘러나왔다.

1900년, 한 시대가 끝나고 다음 시대가 오는 시점이었다. 19세기의 끝과 20세기의 시작을 알리는 그 설렘의 한복판에 제2회 세계수학자대회가 파리에서 열렸다. 30대 후반의 한 남자가 연설을 시작한다. 그의 이름은 다비드 힐베르트 David Hilbert.

19세기 후반, 수학의 급격한 발전이 이루어지면서 당시의 수학계는 수학의 한계가 어디인지, 앞으로의 수학은 어떤 방향으로 나아가야 하는지에 관심을 집중했다. 이러한 수학적 관심에 힘입어 가우스 이후 등장한 이 천재적인 팔방미인 수학자 힐베르트는 수학의 미래에 대해 강연을 하게 되었다.

힐베르트는 이때야말로 우리가 이전 시대에 해결하지 못한 문제들을 검토하고, 앞으로 해결할 가능성이 있는 문제들을 살펴볼 수 있는 적절한 시기라고 생각했다. 그는 "우리에게 제시된 모든 수학 문제에는 해답이 있으며, 해답이 없다면 불가능을 증명할 수 있다. 우리의 수학 사전에 '알 수 없다'라는 말은 없기 때문이다"라고 역설했다. 이어서 힐베르트는 20세기 수학 발전에 핵심적인 역할을 하게 될 것이라고 전망한 23가지 문제를 발표했다. 힐베르트가 제시한 23개의 문제는 단순히 '그저 어려운 문제'들이 아니었다. 20세기의, 그리고 그 이후의 인류 문명을 발전시키는 데 초석이 되는 수학적 문제들, 자연 과학, 인문 과학, 사회 과학 등으로 뻗어 나갈 수 있는 수학적 문제들이었다.

힐베르트의 23가지 문제는 바로 수학자들의 초미의 관심사가 되었다. 이 중 일부는 해결되기도 했고, 일부는 여전히 미해결 상태이지만 '알 수 없다'라는 단어는 없는 사전을 지닌 수학자들은 지금도 미해결된 문제에 도전하고 있다.

"다비드 힐베르트의 묘지에 도착했군요. 힐베르트는 수학의 왕자 가우스 이후 등장한 20세기의 위대한 수학자랍니다. 그가 제시한 '힐베르트의 23가지 문제'는 기초 과학의 토대를 마련한 위대한 문제들이죠. 힐베르트가 제시한 문제들이 무엇인지 알려 드리고 싶습니다만 저 역시 아직 문제 자체도 이해하지 못하는 것들이 많아서 별로 도움이 되지는 않겠네요. 저는 겨우 규칙적으로 증가하는 토끼일 뿐이니까요. 아쉽습니다."

별로 아쉬울 것은 없었다. 20세기 천재 수학자가 세계수학자대회에서 발표한 문제라면 나로서는 이미 지상의 언어가 아닐 테니까.

"23가지 문제는커녕 힐베르트라는 이름도 오늘 처음 들었어요."

나는 수줍게 고백했다. 그때 내 등 뒤로 한 남자의 목소리가 들렸다.

"힐베르트 선생님!"

내 이름도 아닌데 뒤를 돌아보았다. 홀로그램에서 대학생 하나가 힐베르트를 부르고 있었다.

"힐베르트 선생님. 왜 저와 함께 선생님 수업을 듣던 친구 있지 않습니까?"

"오, 그래. 그 친구가 요즘 내 수업에 안 들어오더군. 무슨 일이라도 있는 건가?"

"그 녀석, 수학 대신 문학을 하겠다고 학교를 그만두었습니다. 그 소식을 전해 드리려고요."

"그렇구먼. 그리 놀라운 사실은 아닐세. 그 친구는 수학자가 되기에는 상상력이 너무 부족했으니 말이지."

"힐베르트 선생님!"

이번에는 다른 남학생이 애타게 힐베르트를 부르고 있었다. 힐베르트가 뒤를 돌아보았다.

"힐베르트 선생님. 왜 저와 함께 선생님 수업을 듣던 친구 있지 않습니까?"

"오, 그래. 그 친구가 요즘 내 수업에 안 들어오더군. 무슨 일이라도 있는 건가?"

남학생은 침통한 얼굴로 가까스로 입을 열었다.

"그 친구는 1년 넘게 어려운 수학 문제에 매달려 살았습니다. 하지만 결국 문제를 풀지 못했지요. 그 일로 비통해하더니 그만…… 세상을 떠나고 말았습니다."

"오, 안타까운 일이구먼."

"그래서 말씀인데 선생님께서 장례식에서 그 친구에 대해 추도사를 해 주셨으면 합니다."

"기꺼이 그렇게 하지."

장례식 날이 되었다. 힐베르트의 추도사가 시작되었다.

"그는 장래가 촉망되는 학생이었습니다. 재능이 있는 학생을 잃었다는 것은 애석하고 비통한 일입니다. 젊은 나이에 요절한 고인의 명복을 빕니다. 그는 생전에 한 수학 문제를 푸는 데에 몰두했습니다. 약간의 오류가 있었습니다만 그리 어려운 문제는 아니었습니다. 그가 문제를 잘못 파악했지요."

잠시 침묵하던 힐베르트가 말을 이었다.

"자, 그럼 지금부터 오류가 무엇이었는지 살펴봅시다."

"힐베르트 선생님!"

이번에는 젊은 학생의 목소리가 아니었다. 괴팅겐 대학의 교수 회의에 참석한 사람들이 힐베르트를 부르고 있었다.

"힐베르트 선생님, 에미 뇌터가 유능한 것은 인정합니다. 하지만 유서 깊은 괴팅겐 대학 수학과에 여자를 교수로 임용하다니요! 그런 일은 받아들일 수 없습니다. 괴팅겐 대학 수학과는 가우스를 비롯해서 리만까지, 게다가 20세기 수학계의 거물 힐베르트 선생님까지 계신 현대 수학의 요람이 아닙니까?"

힐베르트가 일침을 놓았다.

"에미 뇌터가 여자라는 사실이 대학 교수로 임용되는 데에 무슨 문제가 된다는 말씀이십니까? 성별이 문제가 되는 곳은 목욕탕뿐입니다! 남탕에 여자가 들어가겠다는 게 아니지 않습니까?"

"힐베르트는 괴짜였군요."

내가 말했다.

"신념이 있는 괴짜였지요. 힐베르트에게 수학의 세계는 무한대로 뻗어 나가는 앎의 세계였을지도 모릅니다. 그의 묘비에는 힐베르트가 연설에서 한 마지막 문장이 새겨졌어요. 우리는 알아야 하고, 알게 될 것입니다. 분명."

힐베르트의 묘비가 다시 눈에 들어왔다.

우리는 알아야 한다. 우리는 알게 될 것이다.

힐베르트 무한 호텔

good Idea 힐베르트의 묘비명을 다시 읽으며 의미를 되새김질하려고 하는데 규칙적으로 증가하는 토끼 씨가 언덕 너머를 가리 켰다. 수학자의 묘지 맞은편 야트막한 언덕 뒤로 어렴풋이 고풍스러운 건물이 하나 보였다.

"힐베르트 호텔입니다. 힐베르트의 묘비명을 읽으며 자신의 삶을 되새김질해 보려는 여행객들이 고개를 들면 바로 보이지요. 수학 마을에서 하룻밤 더 머무르려는 여행객들은 모두 저 힐베르트 호텔을 이용한답니다. 여기서는 좀 멀지만 기차역에서는 아주 가깝지요. 밤 기차를 타고 마을에 도착하면 바로 힐베르트 호텔로 갈 수 있습니다."

힐베르트 호텔이라면 힐베르트가 설계 및 건축을 했다는 이야기일까? 단지 힐베르트의 이름을 딴 호텔인 걸까? 힐베르트의 23가지 문제를 풀어야 하는 호텔인 걸까?

"걸어가기에는 좀 멀지만 어때요, 힐베르트 호텔에 가 보시겠어요?"

"제가 여행 중이기는 합니다만 아직 학생 신분이라 부모님 허락도 없이 외박을 하기에는 좀 무리가 있습니다."

"학생 신분에 부모님 허락도 없이 호텔에서 외박을 하라는 뜻은 아니었습니다. 수학 마을에서 가 볼 만한 여행지라서 말이지요."

"사실 다리도 좀 아프고 해서."

규칙적으로 증가하는 토끼 씨가 이해한다는 듯이 고개를 끄덕였다. 그리고 아쉽다는 듯이 중얼거렸다. 아, 저 호텔에 가면 종업원으로 일하는 힐베르트를 만날 수 있는데. 사실 지배인을 비롯해서 벨보이도 힐베르트, 호텔 식당 요리사도 힐베르트, 카페 바리스타도 힐베르트인데. 손님만 빼면 온통 힐베르트로 가득한 호텔인데 봉구 씨가 못 본다니 정말 아쉬운걸. 기차역은 또 어떻고? 그렇게 무한대로 긴 기차가 들어오는 역은 세상천지 어디에도 없을 텐데. 무한히 긴 기차에서 무한히 많은 사람들이 줄줄이 내리는 장면이 얼마나 장관인데. 그 사람들이 또 줄줄이 힐베르트 호텔에 들어가는 장면은 정말 백미지, 백미. 이건 뭐 파리에 가서 에펠탑 안 보고, 중국에 가서 만리장성 안 보고, 뉴욕에 가서 자유의 여신상 안 보는 거랑 똑같은 거야, 똑같은 거. 스페인에 가서 바르셀로나와 레알 마드리드 축구 경기 입장권이 있는데도 그 경기를 안 본다면 우와, 그렇게 억울할 데가 어디 있담?

존댓말을 할 때는 몰랐는데 규칙적으로 증가하는 토끼 씨의 '다 너 들으라고 하는 혼잣말'을 듣고 있으려니, 원래 규칙적으로 증가하는 토끼 씨는 쫑알쫑알 수다스러운 성격임에 틀림없어 보인다. 그나저나 이렇게까지 열정적으로 중얼거리는데 모른 척하기도 어렵다. 게다가 파리에 가서 에펠탑을 안 보기도, 중국에 가서 만리장성을 안 보기도,

뉴욕에 가서 자유의 여신상을 안 보기도 뭣하다. 바르셀로나와 레알 마드리드의 경기는 물론!

"규칙적으로 증가하는 토끼 씨가 추천하는 장소라니 갑자기 가고 싶은 마음이 드네요."

"잘 생각하셨습니다. 다리가 아프시면 23분 정도 쉬었다가 출발하기로 하죠."

규칙적으로 증가하는 토끼 씨가
23분 쉬는 동안 들려준 이야기

 "설마 23분 쉬는 동안 힐베르트의 23가지 문제 이야기를 하시려는 건가요?"

내 말에 규칙적으로 증가하는 토끼 씨가 씩 웃었다.

"그럴 리가요. 말씀드렸다시피 수학 마을에서는 저도 아직 그저 수학 문외한인 토끼일 뿐이지요. 저는 이곳 수학 마을에서 태어났습니다. 피보나치 씨 토끼 농장이 제 고향이죠. 위대한 수학자와 수학의 이야기를 들으며 자랐습니다. 물론 틈틈이 증가하면서 말입니다. 수학 속에서 호흡하고, 수학 속에서 뛰놀고, 수학 속에서 사랑에 빠지고, 수학 속에서 웃고 울고 뭐 그렇게 컸습니다. 수학적인 배경에 익숙하지요. 우리 수학 마을에서 제가 이렇다 할 연구나 증명을 내놓지는 못했습니다. 하지만 꿈은 있지요. 거위의 꿈처럼 언젠가 저 푸른 하늘을 날아갈 거라는 그런 꿈 말입니다. 수학 마을을 발칵 뒤집어 놓을 위대한 수학의 업적을 세워 유명세를 타고 싶다는 말씀은 아닙니다. 수학 마을에서 하나의 벽돌이 되고 싶은 거지요. 수학 마을의 누군가가 세울 거대한 건축물에 들어갈 하나의 작은 벽돌 말입니다."

규칙적으로 증가하는 토끼 씨가 꿈을 꾸고 있었다. 그에 비해 나는 꿈이나 있는지 모르겠다는 생각이 문득 들었다.

"서두르지 마세요. 꽃들은 저마다 피는 시기가 다르다고 하지 않습니까? 지금 당장 피어나지 않더라도 언젠가는 봉구 씨도 꽃으로 피어날 테지요. 더 많은 것을 보고 느끼고 찾아다니다 보면 언젠가 자신의 이름으로 활짝 피어나게 될 거예요. 수학 마을을 여행하는 것도 하나의 밑거름이 될지 모릅니다."

우리 둘은 잠시 말이 없었다. 먼저 침묵을 깬 것은 규칙적으로 증가하는 토끼 씨였다.

"수학도 마찬가지라는 생각이 듭니다. 지금 당장 문제를 풀지 못해도 현재의 노력들이 모여 언젠가 답을 찾아가지 않겠습니까? '페르마의 마지막 정리'처럼 말이지요."

"페르마의 마지막 정리요?"

"페르마Pierre de Fermat(1601~1665)는 정수에 관심이 많은 수학자였습니다. 가우스 이야기에 페르마 소수가 등장했었죠? 페르마는 소수의 성질과 거듭제곱의 합으로 표현할 수 있는 수에 대한 연구에서 많은 업적을 남겼습니다. '현대 정수론의 아버지'라고도 불릴 정도이지요. 하지만 무엇보다 페르마가 대중적인 이름이 된 이유로 그 유명한 페르마의 마지막 정리를 빼놓을 수 없답니다.

페르마는 디오판토스의 저서 《산술Arithmetica》의 복사본 여백에 '$n>2$인 자연수일 때 $x^n+y^n=z^n$'을 만족하는 정수해 x, y, z는 존재하지 않는다는 놀랄 만한 증명을 발견했으나 여백이 너무 좁아 그 증명을 여기에 적지 못한다'라는 말을 남겼습니다. 당연히 수학자들은 이 페르마의 마지막 정리를 해결하려고 도전, 또 도전했습니다. 오일러는 $n=3$일 때를 증명하기도 했지요. 하지만 일반적인 증명은 아직 안개 속에 있었습니다. 가우스의 제자인 쿰머Ernst Kummer가 '지수 n이 소수인 경우에는 페르마의 정리를 만족한다'라는 사실을 증명하면서 큰 진전이 이루어지기는 했습니다.

페르마의 마지막 정리는 한 사람을 살리기도 했답니다. 말 그대로 한 사람의 목숨을 말이지요. 독일의 부유한 사업가이자 수학에 조예가 깊은 볼프스켈Paul F. Wolfskehl은 사랑하던 여자에게 거절을 당하자 죽기로 마음먹고는 자살할 날짜까지 정했지요. 자살하기로 한 날, 삶의 마지막을 정리하려고 서재에 들어간 볼프스켈은 우연히 페르마의 마지막 정리를 만나게 됩니다. 쿰머의 증명을 보면서 어딘가 석연치 않았던 그는 페르마의 마지막 정리에 빠져 골똘히 연구하다가 쿰머의 오류를 발견했습니다. 기뻐서 정신을 차렸을 때는 이미 날이 밝아 있었지요. 자살이요? 이런 발견을 앞에 두고 누가 자살을 하겠습니까? 볼프스켈은 페르마의 마지막 정리를 최초로 증명한 사람에게 상금 10만 마르크를 지급하겠다고 결심을 합니다."

"그래서 증명을 한 사람이 있었나요?"

"수많은 사람들이 도전했지요. 거액의 상금 덕에 제대로 유명세를 탄 덕도 있지만 도대체 페르마의 정리가 뭐기에 그렇게 증명하기가 어렵다는 거야, 어디 내가 한번 해 볼까 하는 식으로 사람들의 도전 정신을 자극하기도 했겠지요. 수학자라면 이런 문제에 대해 강렬한 자극을 받기 마련이기도 하고요. 페르마의 마지막 정리를 증명하려는 노력은 수학 지식을 풍부하게 하는 새로운 방법론을 무수히 탄생시켰습니다. 페르마의 정리를 증명하지는 못했어도 그 수학적 노력의 부산물은 엄청났지요. 힐베르트의 말처럼 '황금알을 낳는 닭'이라고나 할까요? 매일매일 하나씩 황금알을 낳는 닭 말입니다. 자기가 가진 닭이 매일매일 황금알을 낳는 걸 보고 '저 닭을 죽여서 배를 가르면 그 안에 어마어마한 황금알이 들어 있겠지'라는 생각에 닭을 죽인 사람 이야기는 유명하지 않습니까? 힐베르트는 자신이 제시한 23가지 문제에 페르마의 마지막 정리는 포함시키지 않았지만 이 '황금알을 낳는 닭'을 죽여서는 안 된다고 했죠.

뭐 여하튼 그렇게 차곡차곡 쌓아 올린 황금알들이 모이고 모이면서 300년의 시간이 흘렀습니다. 1600년대에 페르마가 여백이 없어서 그 증명을 적지 못했다는 문제는 여전히 풀리지 않은 상태였습니다. 하지만 시간이 그냥 흐른 것만은 아니었죠. 드디어 1994년, 영국의 수학자 앤드루 와일스Sir Andrew John Wiles가 증명을 해냅니다. 와일스는 10살 때 도서관에서 책을 읽다가 페르마의 마지막 정리에 대해 알게 되었다죠. 책 속에 길이 있다는 말이 사실인가 봅니다. 10살 때 만난 페르마의 마지막 정리가 이후 그가 걸어갈 길이 되었으니 말입니다. 10살짜리 아이의 눈에 페르마의 마지막 정리는 간단하게만 보였을 겁니다. 왜 이토록 간단해 보이는 문제를 300년 동안 아무도 증명하지 못했을까 의아했을 수도 있지요. 아이의 눈에는 피타고라스 정리 $a^2+b^2=c^2$에서 단지 지수가 2보다 큰 경우에 불과한데 말이지요. 어린 와일스는 자기가 이 문제를 반드시 풀어 보겠다고 다짐을 하게 됩니다.

수학자가 된 그는 어느 날 어릴 적 그 다짐을 다시 떠올리게 되죠. 그 뒤로 그는 두문불출합니다. 학계에서도 자취를 감추고 서재에 틀어박혀 비밀리에 페르마의 마지막 정리를 증명하는 연구에 들어갔죠. 7년 동안 말입니다. 그리고 드디어 1993년, 그는 케임브리지 대학에서 열린 학회에서 페르마의 마지막 정리에 대한 증명을 발표합니다. 세상은 떠들썩했죠. 신문마다 300년 만에 수수께끼가 풀렸다고 대서특필하고 난리였습니다. 그런데 곧 오류가 발견되었지요. 그가 포기했을까요? 당연히 아니지요. 오류를 해결하기 위해 고군분투하면서 다시 1년 뒤인 1994년에 완성된 증명을 발표합니다. 끝내 해낸 거죠."

"그럼 수학계의 노벨상이라는 필즈상도 받고 볼프스켈의 상금도 받았겠네요?"

"아쉽게도 필즈상은 받지 못했습니다. 완성된 증명을 발표했을 때는 이미 40세가 넘었거든요."

아쉽게도 23분의 쉬는 시간이 끝났다. 규칙적으로 증가하는 토끼 씨는 바로 벌떡 일어나더니 내 손을 잡고 '고지가 저기'라는 듯이 힐베르트 호텔이 있는 언덕으로 향했다. 다행히 길은 가파르지 않아 운동 부족인 나도 헉헉대지 않고 걸어갈 수 있었다.

"자, 우리 마을에 하나밖에 없는 힐베르트 호텔입니다!"

무한개의 객실에 머무르는 무한히 많은 손님들

힐베르트 호텔이 나타났다. 옛날 영화에서 많이 보던 우아한 호텔이었다. 아치형 정문 위로 '힐베르트 무한 호텔'이라는 글씨가 보였다. 호텔은 5층 정도의 높이로 하나의 건물로만 이루어져 있었는데, 정문이 있는 정면이 앞으로 튀어나오고 양옆은 조금 안쪽으로 들어가 있었다. 빼곡하게 들어선 객실 창문마다 불이 들어와 있는 것을 보니 손님으로 꽉 찬 모양이었다.

호텔 정문에 들어서자마자 종업원이 달려왔다. 힐베르트였다. 아까 힐베르트의 묘지 앞에서 홀로그램으로 한 번 봤을 뿐이지만 영락없는 힐베르트였다.

"어서 오십시오, 손님. 무엇을 도와 드릴까요?"

짙은 군청색 제복을 입은 종업원 힐베르트가 짐은 어디 있는지 두리번거리며 말을 걸었다.

"아, 저희는 호텔에 머무르려는 건 아니고 그저 구경을 할까 하는데 괜찮겠습니까?"

종업원 힐베르트는 난감한 표정을 지었다.

"아, 그건 제가 결정할 수 있는 일이 아니어서 뭐라 말씀드리기가 곤란합니다. 지배인님을 만나 보시는 게 좋겠습니다."

종업원 힐베르트는 우리를 로비로 데려가더니 지배인을 데려 왔다. 이번에는 지배인 힐베르트가 나타났다.

"종업원 힐베르트에게 들었습니다. 우리 호텔을 구경하고 싶으시다고요? 물론이지요. 오히려 영광입니다. 그런데 오늘은 손님이 많아서 제가 안내를 해 드릴 수는 없을 것 같은데 어쩌지요? 종업원 힐베르트도 눈코 뜰 새 없이 바쁘기는 매한가지여서 말이지요. 카페에서 일하는 바리스타 힐베르트는 커피를 내려야 하고, 식당에 있는 요리사 힐베르트는 요리를 해야 하고."

"그냥 저희끼리 구경을 해도 괜찮다면 그렇게 하고 싶은데요."

지배인 힐베르트는 그러라는 듯이 고개를 끄덕이고는 종종걸음으로 돌아갔다. 종업원 힐베르트도 다른 손님을 안내하기 위해 종종걸음으로 자리를 떠났다. 호텔 로비에는 이미 새로 온 손님이 도착해 있었다.

"힐베르트 호텔에 묵으려는 사람이 많나 봅니다."

내가 물었다.

"그럴 수밖에요. 수학 마을에서 유일한 호텔이니까요."

"들어올 때 보니까 객실이 꽉 찬 것 같은데 방이 없으면 손님들은 어디로 가죠? 호텔이 하나밖에 없으니 달리 갈 데도 없을 텐데."

"하하, 걱정 마십시오. 힐베르트 호텔은 무한개의 객실을 가진 호텔이니까요. 방이 모자라는 일 따위는 생기지 않습니다. 지켜보시면 알게 될 겁니다."

규칙적으로 증가하는 토끼 씨가 자신 있게 말했다.

마침 새로 온 손님이 접수대에 있는 종업원 힐베르트에게 방이 있는지 묻고 있었다.

"전망 좋은 방 하나 주십시오."

종업원 힐베르트는 난감한 표정을 지었다.

"죄송하지만 손님, 빈방이 없습니다. 오늘은 이상하게 손님이 많아서 방이 모두 꽉 찼습니다."

손님은 여기가 수학 마을에서 유일한 호텔인데 방이 없으면 나는 어쩌란 말이냐, 무한개의 객실이 모두 찼다는 게 말이 되느냐, 나는 수학 마을에 아는 사람도 없는데 그러면 노숙을 하라는 말이냐, 밖에서 자다가 입이라도 돌아가면 또 어쩌란 말이냐 횡설수설하면서 당황하기 시작했다. 덩달아 종업원 힐베르트도 당황했다. 그때 어디선가 또 종종걸음으로 지배인 힐베르트가 나타났다. 당황한 손님과 당황한 종업원 힐베르트에게 사정 이야기를 들은 지배인 힐베르트는 잠시 생각에 잠겼다. 그리고 태연하게 입을 열었다.

"걱정할 것 없습니다, 손님. 1호실 손님을 2호실로 옮기고, 2호실 손님을 3호실로 옮기고, 3호실 손님을 4호실로 옮기고, 계속 이런 식으로 손님들을 옮기면 그만입니다. 그러면 1호실이 비게 되니까 거기에 묵으시면 되겠습니다. 무한개의 방을 지닌 힐베르트 호텔이니까 당연한 일이지 다른 호텔에서는 꿈도 못 꿀 겁니다. 우리는 언제나 모든 손님을 위한 방이 마련되어 있지요. 무한에다가 1을 더해도 여전히 무한이니까 말입니다."

곧이어 지배인 힐베르트는 호텔 투숙객들에게 안내 방송을 했다.

"손님 여러분께 안내 말씀드립니다. 지금 막 새로운 손님이 오셨습니다. 각 방에 투숙 중인 손님들께서는 번거로우시겠지만 하나씩 옆방으로 옮겨 주시면 감사하겠습니다."

진풍경이 펼쳐졌다. 무한의 객실에서 손님들이 나오더니 하나씩 옆방으로 이동을 했다. 누군가는 툴툴거리기도 했지만 대부분 이 상황에 익숙하다는 듯이 자기의 짐을 들고 옆방으로 들어갔다. 그러자 1호실 방이 비었다. 새로 온 손님은 그 1호실로 들어갈 수 있었다. 종업원 힐베르트는 한숨 돌렸고 지배인 힐베르트는 다시 종종걸음으로 사라졌다.

그때였다. 힐베르트 호텔 밖에서 웅성웅성, 덜컹덜컹 요란스러운 소리가 들려오기 시작했다. 규칙적으로 증가하는 토끼 씨는 내 얼굴을 보더니 씩 웃었다.

"기차가 도착한 모양입니다. 무한히 긴 기차에 무한히 많은 사람들을 태우고 오고 가는 그런 기차역이 힐베르트 호텔 근처에 있거든요. 힐베르트 호텔에서는 빈방이 없어도 언제나 빈방이 생긴다는 소문을 듣고 아주 멀리서부터 단체 관광객들이 기차를 타고 오고는 합니다. 이제 곧 그들이 몰려올 겁니다."

말이 끝나기가 무섭게 힐베르트 호텔의 정문으로 사람들이 멸치 떼처럼 몰려들었다. '무한히 많은 손님들'이었다. 그중 한 사람이 말했다.

"이봐, 내 무한히 많은 친구들! 여기가 내가 말한 힐베르트 호텔이야. 언제나 빈방을 마련해 주는 끝내주는 호텔이지. 아, 종업원 힐베르트 씨. 어서 저희에게 빈방을 주시지요."

종업원 힐베르트는 난감한 표정을 지었다.

"죄송하지만 손님, 빈방이 없습니다. 오늘은 정말 이상한 날이군요. 한 분이시라면 저도 보고 배운 바가 있어서 빈방을 마련해 드리겠는데 이렇게 무한히 많은 손님들에게는 어떻게 마련해 드려야 할지 모르겠습니다."

무한히 많은 손님들은 우리는 오로지 힐베르트 호텔에 무한개의 객실이 있다는 소문을 듣고 온 사람들인데 이제 와서 빈방이 없으면 어떻게 하라는 이야기냐, 기차는 이미 떠난 뒤인데 돌아갈 방법도 없지 않느냐, 이렇게 무한히 많은 우리들이 노숙이라도 해야 하는 거냐, 밖에서 자다가 무한히 많은 우리들의 입이 다 돌아가면 그때는 또 어쩌란 말이냐 횡설수설하면서 무한히 당황하기 시작했다. 덩달아 종업원 힐베르트도 당황했다. 무한히 많은 손님들은 웅성웅성 어서 빈방을 내놓으라고 달려들 기세였다. 그때 종종걸음으로 또다시 지배인 힐베르트가 나타났다. 무한히 많은 당황한 손님들과 당황한 종업원 힐베르트에게 사정 이야기를 들은 지배인 힐베르트는 잠시 생각에 잠겼다. 그리고 태연하게 입을 열었다.

"걱정할 것 없습니다, 무한히 많은 손님들. 1호실 손님을 2호실로 옮기고, 2호실 손님을 4호실로 옮기고, 3호실 손님을 6호실로 옮기고, 계속 이런 식으로 손님들을 옮기면 그만입니다. 그러면 홀수 방이 모두 비게 되니까 거기에 묵으시면 되겠습니다. 이런 일, 다른 호텔에서는 꿈도 못 꿀 겁니다. 우리 힐베르트 호텔은 무한의 손님들도 무한히 받을 수 있는 유일한 곳이니까요."

곧이어 지배인 힐베르트는 호텔 투숙객들에게 다시 안내 방송을 했다.

"손님 여러분께 안내 말씀드립니다. 지금 막 무한히 많은 손님들이 도착하셨습니다. 각 방에 투숙 중인 손님들께서는 번거로우시겠지만 지금 계신 방 번호에 2를 곱한 짝수 번호 방으로 옮겨 주시면 감사하겠습니다."

민족의 대이동이 다시 일어났다. 아니, 호텔 투숙객들의 대이동이라고 해야 할까? 1호실에 막 들어간 손님은 어리둥절한 표정으로 짐을 들고 나와 2호실로 옮겨 갔다. 2호실에 있던 손님은 도대체 오늘만 이게 몇 번째야 투덜거리면서 4호실로 옮겨 갔다. 3호실에 있던 손님은 그럼 나는 6호실인가 하면서 잠결에 방을 옮겼다. 4호실 손님은 8호실은 어딘지 기웃거렸다. 대부분은 이 상황이 익숙하기는 하지만 이젠 좀 지겹다는 얼굴로 짝수 번호 방으로 옮겨 갔다. 힐베르트 호텔에는 이제 무한개의 홀수 번호 방이 마련되었다. 무한히 많은 손님들은 무한히 많은 홀수 번호 방으로 들어갈 수 있었다. 종업원 힐베르트는 한숨 돌렸고 지배인 힐베르트는 또다시 종종걸음으로 사라졌다. 대이동이 일어난 뒤 고요한 정적만이 남았다.

호텔 로비에는 나와 규칙적으로 증가하는 토끼 씨만 남았다. 접수대의 종업원 힐베르트는 긴장이 풀렸는지 꾸벅꾸벅 졸고 있었다. 그때 다시 어디선가 종종걸음으로 지배인 힐베르트가 나타났다. 그는 종업원 힐베르트를 깨우지 않으려는 듯 집게손가락을 입에 대고는 우리에게 다가왔다.

"이제야 좀 여유가 생겼습니다. 우리 힐베르트 호텔을 좀 둘러보셨습니까? 보셔서 아시겠지만 우리 호텔은 무한개의 객실이 가장 큰 장점이지요. 가끔 무한히 많은 손님들 중에는 이해가 안 간다는 듯이 어리둥절해하는 분도 계십니다. 기껏해야 홀수 번호 방이 비었을 뿐인데 무한히 많은 사람들이 다 하나씩 방에 들어갈 수 있겠냐는 거지요. 부분은 전체보다 작지 않습니까? 그러니 홀수는 당연히 정수보다 그 수가 많을 리가 없다고 느끼는 겁니다. 물론 '유한'일 때는 그렇지요. 하지만 '무한'에서는 이야기가 달라집니다. 이 세계에서는 무한이기 때문에 무한히 많은 손님들이 무한히 많은 홀수 번호 방에 일대일로 들어갈 수 있는 겁니다. 사실 '무한'의 개념은 수학 마을에서도 받아들이기 어려웠습니다만 **칸토어**Georg Cantor라는 대선배님 덕분에 가능해졌지요. 제가 이 '힐베르트 무한 호텔'에 지배인으로 근무하기 전에는 칸토어 선배님이 전임자로 계셨다고 합니다. 오늘처럼 많은 손님이 방문한 날에는 문득 선배님이 그리워집니다."

종업원 힐베르트는 여전히 졸고 있고, 지배인 힐베르트는 회상에 잠겼다. 손님들의 대이동이 언제 일어났냐는 듯 힐베르트 무한 호텔의 모든 객실도 조용히 잠에 빠져든 것 같았다.

"앗, 제가 잠깐 딴생각을 했군요. 호텔 구경을 다하셨으면 빈방을 하나 마련해 드릴까요? 원하시면 언제든지 방을 드릴 수 있으니까요."

부모님의 허락도 안 받고 외박을 할 수 없는 것은 둘째 치고, 나 때문에 곤히 잠든 손님들을 다시 이동시킬 수는 없을 것 같았다. 오늘밤 손님의 대이동은 이 정도면 충분할 것이다. 규칙적으로 증가하는 토끼 씨와 나는 지배인 힐베르트에게 감사의 말을 전하고 졸고 있는 종업원 힐베르트에게도 눈인사를 한 후 호텔을 떠났다.

어느새 해가 뉘엿뉘엿 지고 있었다.

다시 수학 마을 도서관으로

어느새 해가 뉘엿뉘엿 지고 있었다. 어, 이상한 일이다. 수학 마을에서의 내 시간은 '평일 오후'라고 생각했는데 해가 지고 있었다. 내 시간이 움직이기 시작한 걸까? 규칙적으로 증가하는 토끼 씨의 눈동자가 석양에 물들었는지 붉게 보였다. 아니, 토끼 눈은 원래 붉던가.

"해가 지고 있어요."

내가 규칙적으로 증가하는 토끼 씨의 붉은 눈을 보며 말했다.

"그렇습니까? 이제 떠날 시간이 된 모양입니다."

수학 마을 여행객들의 시간은 그들이 마을에 머무는 동안에는 흐르지 않는다. 그리고 그들이 떠날 때가 되면 그때부터 시간이 다시 흐르기 시작한다. 수학 마을과 뫼비우스의 띠로 연결된 다른 공간 사이의 어그러짐을 그렇게 막는다. 규칙적으로 증가하는 토끼 씨가 뭐 이런 식의 이야기를 들려주었다. 규칙적으로 증가하는 토끼 씨가 규칙적으로 증가하기 위해 수학 마을로 돌아갔던 것처럼, 나도 다시 내 시간과 공간에서 규칙적으로 존재하기 위해 돌아갈 때가 되었음을 지는 해가 알려 주고 있었다.

마침 14번 마을버스가 도착했다.

"처음에 탄 버스로군요."

내가 말했다.

"처음에 출발한 곳으로 돌아가는 거지요."

규칙적으로 증가하는 토끼 씨가 말했다. 왠지 규칙적으로 증가하는 토끼 씨의 눈이 더 붉어진 것 같다. 아니, 토끼 눈은 원래 붉던가.

우리는 14번 마을버스에 올랐다. 마을버스 노선도가 눈에 들어왔다. 어느덧 낯익은 이름들이 되어 있었다. 다리를 건널 때 마을버스를 탔을 뿐 그 이후로는 내내 걸어 다녔는데 그때마다 이 마을버스가 내 곁을 지나갔겠구나 싶었다. 나는 내가 돌아본 곳의 풍경을 창밖으로 내다보며 말없이 버스의 흔들림에 몸을 맡겼다. 우리는 둘 다 말이 없었다.

힐베르트 호텔 정거장에서 탄 14번 마을버스가 수학자들의 묘지에 도착한다. 나는 내리지 않는다. 멀리서 아르키메데스가 유레카를 외치는 소리가 들리는 것만 같다.

"다음 정거장은 수학 학원 거리, 수학 학원 거리입니다."

플라톤이 하늘을 가리키며 걸어 나온다. 유클리드는 컴퍼스로 여전히 원을 그리고 있다. 피타고라스는 $\sqrt{2}$를 보며 한숨을 쉰다. 정다면체의 우주가 그 안에 있는 것 같다. 나는 내리지 않고 버스 안에서 그 우주를 바라본다.

"다음 정거장은 수학 마을 고서점입니다. 내리실 분은 벨을 눌러 주십시오."

학생으로 보이는 몇몇이 벨을 누른다. 《아메스 파피루스》에 쓰인 기하학 문제를 풀어 보겠다고 한 학생이 말한다. 자기는 유클리드의 《원론》을 사야 한다고 옆의 학생이 되받는다. 규칙적으로 증가하는 토끼 씨는 고서점에서 구입한 아르키메데스의 《모래알을 세는 사람》을 만지작거린다. 눈처럼 하얀 토끼 처자를 생각하는지도 모르겠다. 수학 마을 고서점에 학생들을 내려놓은 마을버스는 다시 출발한다.

"다음 정거장은 피보나치 씨 토끼 농장입니다."

나는 옆에 앉은 규칙적으로 증가하는 토끼 씨를 바라본다. 피보나치 씨 토끼 농장은 규칙적으로 증가하는 토끼 씨의 집이다. 태초부터 토끼가 있었던 곳만 같다. 토끼들의 에덴동산. 마을버스가 점점 피보나치 씨 토끼 농장에 가까워지는 모양이다. 처음에는 1쌍의 토끼들이 연이어 보이더니 곧 2쌍, 3쌍, 5쌍으로 늘어난다. 피보나치 씨 토끼 농장에는 233쌍의 토끼들이 농장에서 풀을 뜯고 있다. 눈처럼 하얀 토끼도 거기 있다. 나는 다시 규칙적으로 증가하는 토끼 씨를 물끄러미 바라본다.

"피보나치 씨 토끼 농장에 도착했네요. 내리셔야지요."

말은 이렇게 하지만 왠지 아쉽다.

"수학 마을 도서관까지 배웅해 드리고 싶습니다."

규칙적으로 증가하는 토끼 씨의 눈이 더 붉어진 것 같다. 아니, 해가 더 붉게 지고 있는 건가. 붉은 석양에 내 눈도 붉어져 있을 것 같다.

14번 마을버스는 피보나치 씨 토끼 농장을 지나 한가한 도로를 계속 달린다. 마을버스 안으로 달콤한 파이 냄새가 퍼지기 시작한다. 냄새만으로도 어딘지 알 것 같다. 다음에 다시 수학 마을에 온다면 이번에는 3.1415926보다 더 길게 원주율의 값을 새긴 파이를 먹어 보겠다고 생각한다. 사르르, 달콤한 파이처럼 원주율 값도 달달할 것만 같다. 마을버스는 달콤한 파이 냄새를 안고 거침없이 나아간다. 마치 한 척의 돛단배를 타고 있는 것처럼 너울거린다. 아니, 아니다. 창밖으로 진짜 돛단배가 지나간다. 아니, 아니다. 돛단배가 아니라 돛단차가 지나간다. 스테빈 씨가 '오우'를 연발하며 그 안에 타고 있다. 아마도 밖에는 바람이 불고 있는 모양이다. 억지로 끌려 나왔는지 잔뜩 구긴 얼굴로 앉아 있는 네이피어 씨도 보인다.

"다음 정거장은 스테빈과 네이피어의 발명공작소입니다."

나는 내리지 않는다. 대신 스테빈 씨와 네이피어 씨에게 손을 흔든다. 하지만 그들은 나를 보지 못한다. 스테빈 씨와 네이피어 씨는 돛단차 안에서 침을 튀기며 이야기하는 중이다. 아마도 소수 이야기이리라. 필요하면 수를 발명할 수도 있지. 그렇지, 그게 우리가 한 일이지. 분수를 새롭게 표현하는 방법, 소수의 탄생 말이야. 이런 이야기들이리라.

이제 마을버스는 오솔길을 따라 달린다. 호루스의 눈, 64조각이 난 그 눈의 동상을 지나간다. 곧이어 여전히 티타임 중인 낙타들이 보인다. 지금도 재산을 분배하기 위해 분수를 사용한 계산법에 대해 이야기하고 있을까? 수천 년 전에도 사용했다던 그 분수를. 분수와 소수의 역사가 창밖 풍경이 되어 재빠르게 스쳐간다.

마을버스는 이제 '유리수'를 거슬러 '정수'로 간다. 마이너스의 손 잡화점 앞이다. 승객 몇 명이 내릴 채비를 한다. 짐을 챙기느라 부스럭거리는 손놀림이 바쁘다. 몇몇은 붉은색으로 마이너스가 적힌 종이를 들고 있다. 이상한 말 같지만 나는 마이너스의 손 잡화점에서 만난 마이너스 덕분에 더 풍요로워진 느낌이다.

수학 마을의 여섯 아이들을 만났던 거리를 지난다. 아이들이 사라진 해거름의 거리는 한적하다. 아이들의 재잘거림이 사라진 거리는 어딘지 쓸쓸하다. 문득 주머니 속에 공이 있다는 사실이 생각난다. 공에는 220과 284라는 숫자가 쓰여 있다. 자신을 제외한 약수의 합이 상대방의 숫자가 되는 수들.

해거름 속에 금빛이 묻어난다. 브라만 탑은 여전히 황금빛으로 빛나고 있다. 여전히 64개의 원반을 작은 원반이 위로 올라가도록 옮기고 있다. 진법 도장에서는 아이들이 나오고 있다. 다들 자신만의 진법으로 세상의 질서를 이야기한다. 아이들의 얼굴 위로도 금빛이 묻어난다.

14번 마을버스는 이제 수학 마을을 흐르는 강을 따라 달린다. 저녁 바람이 부드럽게 강물을 따라 흐른다. 저 멀리 7개의 다리가 보인다. 쾨니히스베르크의 다리로 저녁 산책을 나온 사람들이 하나둘 보이기 시작한다. 같은 다리를 두 번 이상 건너지 않고 모든 다리를 다 건너서 출발점으로 돌아오지는 못할 것이다.

"다음 정거장은 이 버스의 종착역 중앙 광장입니다."

마을버스가 출발점이었던 중앙 광장 매표소 앞에 도착했다. 마지막까지 마을버스에 타고 있던 승객들이 모두 내렸다. '모두'는 나와 규칙적으로 증가하는 토끼 씨뿐이었지만. 마지막 승객인 우리를 내려놓은 14번 마을버스는 정확히 14분 뒤에 다시 출발할 것이다. 매표소 직원 '14분의 침묵'은 여전히 그 자리에 있었다. 중앙 병원도 고풍스러운 자태로 석양 속에 웅장하게 서 있었다. 응애응애, 지금도 계속 새로운 수들이 탄생하고 있을 중앙 병원을 지나니 수학 마을 도서관이 나타났다. 다시 수학 마을 도서관에 도착했다.

수는 왜 아름다운가

 수학 마을 도서관의 400번 서가와 800번 서가 사이 복도에서 재활용 마크가 선명하게 떠오르기를 기다렸다.

"봉구 씨는 제가 처음으로 초대한 분입니다."

"네?"

"그동안 봉구 씨 학교 도서관에 수학 마을 책을 갖다 놓고만 왔지 누구와 이야기를 나누어 본 적은 없었습니다. 수학 마을에 초대한 적은 더더욱 없었고요. 글쎄, 초대라고 하기에는 너무 거창한가요? 절반 이상을 혼자 돌아다니셨으니 말입니다. 그래도 규칙적으로 증가만 하다가 낯선 마을의 봉구 씨를 알게 되고, 이렇게 수학 마을 여행도 함께 하니 이것 참, 기분이 묘합니다. 그런데 또 벌써 이렇게 헤어질 시간이군요. 아, 원래 수학 숙제 때문에 시작된 여행이었죠? 도착하자마자 수학 숙제부터 하셔야겠습니다."

아, 잊고 있었다.

"저도 피보나치 씨 토끼 농장으로 돌아가면 봉구 씨가 학교 도서관에서 빌려준 책을 읽으며 공부해야겠습니다. 거 왜 이상한 시집 말입니다. 《이상 시집》이라고 하셨던가요?"

아, 잊고 있었다.

"봉구 씨를 농장에서 다시 만나기 전에 혼자 몇 편 골똘히 들여다봤습니다. 에헷, 사심도 있었지요. 눈처럼 하얀 제 첫사랑 토끼에게 들려줄 만한 시가 어디 없나 찾아본 것도 사실이니까요. 그래도 사심 덕을 좀 봤습니다. 거 왜 '환자의용태에관한문제'라는 시 기억나십니까? 온통 거꾸로 된 숫자로 가득한 시요. 그 시를 읽고 있는데 첫사랑 토끼가 지나가는 게 거울로 보이지 뭡니까? 그러다가 거울에 비친 시를 보게 된 겁니다. 거울에 비추어 봤더니 숫자가 제대로 보이더군요. 이렇게 말입니다.

```
1 2 3 4 5 6 7 8 9 0 •
1 2 3 4 5 6 7 8 9 • 0
1 2 3 4 5 6 7 8 • 9 0
1 2 3 4 5 6 7 • 8 9 0
1 2 3 4 5 6 • 7 8 9 0
1 2 3 4 5 • 6 7 8 9 0
1 2 3 4 • 5 6 7 8 9 0
1 2 3 • 4 5 6 7 8 9 0
1 2 • 3 4 5 6 7 8 9 0
1 • 2 3 4 5 6 7 8 9 0
• 1 2 3 4 5 6 7 8 9 0
```

알고 보니 이상한 시집의 저자 이상 씨가 '거울'이라는 시도 쓴 적이 있더군요. 거울 속 세상은 온통 '거꾸로'라는, 오른손잡이인 내가 거울 속에서는 왼손잡이가 되는 그런 시였는데 진작 알았으면 더 빨리 이해할 수도 있었을 텐데 말이지요. 뭐 어쨌든 소수점을 중심으로 대칭을 이루는 것도 흥미롭고, 전체적인 수의 배열이 위에서 아래로 내려 갈수록 $\frac{1}{10}$씩 작아지는 등비수열을 이루고 있어서 아름답더군요.”

수학 마을을 여행하고 다녔건만 규칙적으로 증가하는 토끼 씨가 해석하는 시의 내용은 이해하기가 쉽지 않았다. 이곳에서는 시도 수학이 되고, 수학도 시가 되고 있다.

“수학 마을에서는 시와 수학이 같은가 봐요. 저는 문학은 좀 좋아했지만 수학은 머리만 아팠거든요.”

규칙적으로 증가하는 토끼 씨가 동그란 눈을 동그랗게 뜨면서 의아하다는 듯이 반문했다.

“그렇지 않나요? 시나 수학이나 모두 아름답잖아요. 상상력이 없으면 아무것도 아니잖습니까? 봉구 씨는 수학이 아름답지 않나요?”

‘아니라’고도 ‘네’라고도 못했다. 나는 아직은 ‘아니다’와 ‘네’ 사이 어딘가에 놓인 사다리 위에 있다. ‘아니다’의 칸에서 ‘네’의 칸으로 몇 칸쯤 올라간 사다리.

“규칙적으로 증가하는 토끼 씨는 왜 수학이 아름답지요? 저는 아직 잘 모르겠습니다. 분명 수학 마을에 오기 전보다는 ‘수’가 훨씬 재미있어졌어요. 어떤 면에서는 놀랍기도 하고 감동을 받은 적도 솔직히 있습니다. 사실 제가 그럴 줄 몰랐지만요. 하지만 아직까지는 어렴풋하고 희미해서 제 생각을 뭐라고 말해야 할지 잘 모르겠습니다.”

“왜 수학이 아름답냐고 물으셨지요? 글쎄요, 봉구 씨에게 시는 아름다운가요? 왜 시가 아름다운지 저에게 말씀해 주실 수 있나요? 수학은 저에게 세상을 열어 줍니다. 세상의 질서와 이름을 저에게 들려

주지요. 세상이 숨겨 놓은 비밀의 문을 열고 이것과 저것의 관계를 풀 수 있는 열쇠를 손에 쥐어 주는 기분을 아십니까? 왜 수학이 아름다울까요? 어느 수학자가 이런 말을 했습니다. 이게 제 답변이 될 것 같네요."

왜 수는 아름다운가? 이것은 왜 베토벤 9번 교향곡이 아름다운지 묻는 것과 같다. 당신이 이유를 알 수 없다면, 남들도 말해 줄 수 없다. 나는 그저 수가 아름답다는 것을 안다. 그게 아름답지 않다면, 아름다운 것은 세상에 없다.

수학 마을은 어디에도 없다

그런가, 베토벤 9번 교향곡이 왜 아름다운지도 알아야 하나, 그런 것은 말로 할 수 없는 거 아닌가 하고 있을 때 재활용 마크가 선명해졌다. 이제 정말 돌아갈 시간이다. 뫼비우스의 띠를 타고 한 바퀴 돌면 나는 다시 학교 도서관에 도착해 있을 것이다. 그런데 정말 그럴까? 내가 학교 도서관에 무사히 도착할 수 있을까? 내가 도착했을 때 학교 도서관은 여전히 평일 오후일까? 혹시 세월이 몇백 년 흐른 뒤는 아닐까?

옛날이야기들은 그렇다. 우연히 한가한 마을에 들어가 느티나무 아래에서 장기를 두던 노인들 옆에서 훈수 몇 번 하고 다시 원래 마을로 나오니 이미 몇백 년 흐른 뒤였다는 그런 이야기들. 복숭아꽃 향기에 취해 무작정 걸어 들어간 마을에 며칠 머물다 돌아와서는 그곳이 그리워 다시 찾아가려 했으나 영영 찾지 못했다는 그런 이야기들.

혹시나 내가 다시 수학 마을에 가고 싶을 때 혼자서도 수학 마을을 찾을 수 있을까? 400번 서가와 800번 서가의 복도 사이에 서서 재활용 마크가 선명해지기만 기다리면 갈 수 있는 곳일까? 굳이 지도상에 수학 마을의 위도와 경도를 표시한다면, 그럴 수 있다면 도대체 수학 마을은 어디쯤 있는 걸까? 수학 마을은 진짜 존재하는 곳일까? 여행의 끄트머리에 이르러서야 나는 수학 마을이 진짜 실재하는 곳인지 궁금해졌다. 문득 눈을 뜨니 학교 도서관에서 수학책에 침 질질 흘리며 꿈을 꾸었다는 결말은 싫다. 그런데 대부분은 그렇다. 눈을 떠 보니 한바탕 꿈이었고, 꿈인가 했더니 뭔가 흔적이 남아 있고. 나도 그러려나. 어째 이야기의 흐름상 그럴 것 같다. 그래도 굳이 규칙적으로 증가하는 토끼 씨에게 물었다.

"수학 마을은 어디 있는 건가요?"

'내 마음 속에.' 이런 대답은 나오지 않기를 바랐다. 간지러운 것은 질색이다. 아이돌 가수들이 "저는 사랑하는 사람이 있습니다. 바로 팬 여러분입니다"하는 것과 뭐가 달라?

"수학 마을이 어디 있느냐고요? 'nowhere', 어디에도 없습니다."

규칙적으로 증가하는 토끼 씨가 웃으며 말했다. 아, 14번 마을버스에서 눈시울이 붉어졌던 그 토끼 씨가 맞나 싶게 능글거리는 웃음이다. 게다가 영어라니.

"nowhere. 이 단어를 다르게 읽을 수도 있다는 거 아십니까? 3글자와 4글자로 나누어 읽어 보세요. 'now-here'가 되지 않습니까? '지금-여기'라는 뜻이지요. 수학 마을은 어디에도 없지만 지금 여기 있습니다."

아, 슬픈 예감은 틀리지 않는다고 했다. 결국 '내 마음 속에'와 뭐가 달라? 간지러웠다. 그런데 간지러움을 참고 말하는 건데, '어디에도 없던' 수학 마을이 '지금 여기' 있다. 이상하고 규칙적인 수학 마을로 여행을 떠나기 전의 나에게는 어디에도 없던 곳이었다. 그런데 지금 여기 나에게는 수학 마을이 있다.

규칙적으로 증가하는 토끼 씨가 간지러운지 귀를 벅벅 긁고 있었다. 우리는 서로 간지러웠다. 간질간질, 그리 나쁘지 않은 느낌이다.

재활용 마크를 향해 뛰어들 시간이 되었다. 나는 《이상하고 규칙적인 수학 마을로 가는 안내서》를 주머니에 넣었다. 주머니에서 공이 만져졌다. 220과 284. 규칙적으로 증가하는 토끼 씨가 공을 바라보며 말했다.

"친화수로군요. 피타고라스는 친구란 '또 다른 나'라고 했죠."

나는 220이 새겨진 공을 규칙적으로 증가하는 토끼 씨에게 건네며 말했다.

"꼭 써 보고 싶었던 대사가 있어요. 엄마가 즐겨 보던 옛날 영화에 나오는 건데, 영화 마지막에 두 남자가 나란히 등을 보이며 천천히 걸어가면서 이런 말을 해요. '루이, 이게 우리 우정의 시작일세.' 영화 제목이⋯⋯."

"〈카사블랑카Casablanca〉"

모든 것이 영화와 같지는 않다. 영화에서는 어둠이 짙은 공항 활주로를 걸어가는 두 남자의 뒷모습이 나온다. 나와 규칙적으로 증가하는 토끼 씨는 수학 마을 도서관 400번 서가와 800번 서가 사이의 재활용 마크 앞에 마주 보고 서 있다. 당구공만 한 크기의 공을 하나씩 들고 말이다.

"학교 도서관으로 돌아가면 무엇부터 하실 생각이십니까?"

규칙적으로 증가하는 토끼 씨가 물었다.

"일단 잠에서 깨어나야 하지 않을까요? 그리고 볼록한 주머니를 발견하게 되겠지요. 주머니에는 284라는 숫자가 새겨진 이 공이 들어 있고요. 도서관 책상에는 《이상하고 규칙적인 수학 마을로 가는 안내서》라는 책이 놓여 있겠지요."

"뫼비우스의 띠에서 떨어져 엉덩방아를 찧을 수도 있겠지요. 에이, 아프잖아 하면서 벽을 돌아보면 재활용 마크가 서서히 사라지고 있을 겁니다. 도서관 바닥에 떨어진 책을 주워서 제가 원래 두려고 했던 서가에 꽂아 두러 가겠지요. 영화라면 마지막 장면은 도서관에 꽂힌 이 책을 클로즈업할 테고요."

"어떤 일이 일어날까요?"

"일어날 일이 일어나겠지요."

"제가 수학 선생님이 되는 일도요?"

"그런 일도요. 적어도 수학 선생님이 내 준 숙제는 쉽게 할 수 있을 겁니다."

나는 재활용 마크를 향해 걸어갔다.

수학 마을 여행을 마치며

우리 수학 마을은 여행하기에 이상적인 장소는 아니다. 낭만적인 장소도 아니다. 꿈과 모험이 가득한 것도 아니다. 일반적으로는 그렇다는 말이다. 하지만 누군가에게는 이상적이고 낭만적인, 꿈과 모험이 가득한 장소가 될 수도 있을 것이다. 그리고 그 누군가가 바로 당신일 수도 있다! 우리 마을은 언제나 그런 여행자들에게 열려 있다.

Q. E. D.

400번과 800번 사이에서 시작되는
또 다른 여행을 부탁해

몇 년 전만 해도 서점의 수학 관련 코너로 가면 복잡한 기호투성이에 읽어도 무슨 말인지 알기 어려운 책들만 가득했다. 그런데 언젠가부터 말랑말랑하고 재미있어 보이는 수학 책들이 쏟아져 나오기 시작했다. 예전엔 상상조차 못했던 '수학 동화', '수학 소설'이란 분야까지 등장했다. 자녀가 수학과 친해지길 바라는 엄마들은 이런 책들이 출간되기 무섭게 아이들 손에 쥐어 주곤 한다.

그런데 아이들은 이런 수학 책을 과연 부모들의 기대대로 재미있게 잘 읽을까? 이야기를 따라 끝까지 읽긴 하지만 정작 거기서 배운 수학은 아이스크림 위의 토핑 몇 알처럼 부실하진 않을까? 수학이 풍부하게 넘치는 책을 집어 들었다가 수학과 이야기가 제대로 버무려지지 않은 잡채처럼 따로 놀아서 실망하고 덮어 버리진 않을까?

이런 걱정을 하는 게 영 속상했던 나에게 청소년들을 위한 수학 이야기 《구봉구는 어쩌다 수학을 좋아하게 되었나》에 대한 감수가 맡겨졌다. 뭐, 처음엔 그렇고 그런 책이 또 하나 나오는 거 아닌지 반신반의했다. 그런데, 어라? 이건 좀 다르다. 아니, 신선하기까지 하다. 감히 단언컨대 지금까지 나왔던 수학 교양서 혹은 수학 소설과는 확실히 차별화된다.

물론 세상에 알려지지 않은 아주 새로운 수학 뉴스를 이 책에 녹여낸 것은 아니다. 이 책에서 소개되는 수학은 이미 수많은 단행본과 교과서에 실렸던 익숙한 내용들이다. 그러나 구슬 서 말을 꿰는 저자의 재주가 보통이 아니다. 한번 손에 들고 읽기 시작하면 끝까지 보도록 만든다. 주인공 구봉구의 모험 이야기가 수학과 이토록 잘 버무려지지 않았다면 결코 불가능했을 일이다.

국어 교사인 저자는 자신의 전공을 십분 발휘해 문학과 수학의 만남을 성공리에 이루어 냈다. 400번과 800번 서가 사이의 복도에서 떠나는 이상하고 규칙적인 수학 마을 여행이라는 것만으로도 가슴 설레는 마당에, 곳곳에서 수학과 어우러진 이상과 윤동주의 시를 맞닥뜨릴 거라고 어느 누가 상상할 수 있었을까? 그렇다고 해서 수학이 소홀히 다뤄진 것은 아닐까 하는 걱정은 붙들어 매시라. 수의 탄생부터 비유클리드 기하학까지 실로 방대한 수학 이야기들이 흥미로운 모습으로 여행자 구봉구 앞에 등장한다. 수학 교사인 내가 이토록 가슴 설레며 읽어 나가도록 이야기를 엮어 냈다는 사실에 또 한 번 놀랄 정도다.

국어 교사가 쓴 수학 이야기가 아이들에게 사랑받을 거라는 생각을 하면 약간은 분한(?) 마음도 들지만, 뭐 인정할 건 쿨하게 인정해야 한다. 질투를 하느니 차라리 이런 부탁을 하는 게 더 나을지도 모른다. 문학의 경계에서 사회, 과학, 심리, 철학 등등이 유쾌하게 융합된 또 다른 수학 마을을 찾아내 구봉구의 새로운 여행을 시작해 달라고 말이다. 그 새로운 여행을 기대하며 나는 우리 학교 400번 서가와 800번 서가 사이 복도를 어슬렁거리고 있을지도 모르겠다.

2015년 7월
배수경
호곡중학교 수학 교사

구봉구는 어쩌다 수학을 좋아하게 되었나

초판 1쇄 발행 2015년 7월 20일
초판 4쇄 발행 2018년 8월 24일

지은이 민성혜
감 수 배수경

펴낸이 박선경
기획/편집 • 김시형, 권혜원, 김지희, 박윤아, 한상일, 남궁은
마케팅 • 박언경
표지 디자인 • dbox
본문 디자인 • 김남정
본문 지도 일러스트 • 하고고
제작 • 디자인원(031-941-0991)

펴낸곳 • 도서출판 갈매나무
출판등록 • 2006년 7월 27일 제395-2006-000092호
주소 • 경기도 고양시 덕양구 은빛로 43 은하수빌딩 601호
전화 • (031)967-5596
팩스 • (031)967-5597
블로그 • blog.naver.com/kevinmanse
이메일 • kevinmanse@naver.com
페이스북 • www.facebook.com/galmaenamu

ISBN 978-89-93635-60-7/03410
값 13,000원

이 도서의 국립중앙도서관 출판예정도서목록(CIP)은 서지정보유통지원시스템 홈페이지
(http://seoji.nl.go.kr)와 국가자료공동목록시스템(http://www.nl.go.kr/kolisnet)에서 이용
하실 수 있습니다. (CIP제어번호: CIP2015017937)